智能制造关键使能技术

——动态 HOLONIC 制造系统建模技术、重构方法及优化理论

赵付青　宋厚彬　著

電子工業出版社·

Publishing House of Electronics Industry

北京·BEIJING

内 容 简 介

本书通过引入 Holonic Manufacturing Systems（HMS）制造哲理的概念，对基于 Holonic 制造系统的制造单元交互机制、控制策略和算法、系统设计方法以及关键使能技术进行研究；提炼形成了 HMS 系统中 Holon 内部资源与任务的动态调度方法，系统阐述了 HMS 制造系统建模及调度的有关原理及其应用。全书共分为 7 章，第 1 章介绍 HMS 调度系统及研究现状；第 2 章重点讨论了动态 Holonic 制造系统建模及重构方法；第 3 章讨论了混合流水车间调度模型及其仿真计算方法；第 4、5 章分别就 HMS 系统中典型 Job Shop 调度问题求解方法和置换 Flow Shop 调度算法进行研究；第 6 章对上述模型及实现技术进行了验证；第 7 章为结论。

本书可作为高等学校自动化、机电工程、制造业信息化、计算机及其他相关专业研究生和本科高年级系统工程或制造系统建模的课程教材，还可供从事制造系统建模方面的科技工作者参考。

图书在版编目（CIP）数据

智能制造关键使能技术：动态 HOLONIC 制造系统建模技术、重构方法及优化理论 / 赵付青，宋厚彬著. —北京：电子工业出版社，2017.9

ISBN 978-7-121-32785-8

Ⅰ. ①智… Ⅱ. ①赵… ②宋… Ⅲ. ①智能制造系统－研究 Ⅳ. ①TH166

中国版本图书馆 CIP 数据核字（2017）第 238282 号

责任编辑：杨秋奎　　　特约编辑：刘广钦
印　　刷：三河市双峰印刷装订有限公司
装　　订：三河市双峰印刷装订有限公司
出版发行：电子工业出版社
　　　　　北京市海淀区万寿路 173 信箱　邮编 100036
开　　本：720×1 000　1/16　印张：10.25　字数：162 千字
版　　次：2017 年 9 月第 1 版
印　　次：2017 年 9 月第 1 次印刷
定　　价：45.00 元

凡所购买电子工业出版社图书有缺损问题，请向购买书店调换。若书店售缺，请与本社发行部联系，联系及邮购电话：（010）88254888，88258888。

质量投诉请发邮件至 zlts@phei.com.cn，盗版侵权举报请发邮件至 dbqq@phei.com.cn。

本书咨询联系方式：（010）88254694。

致 谢

• • • • • • • •

　　本书的相关研究得到了国家自然科学基金项目（批准号：No. 61663023, No.61064011）、甘肃省科技重点研发计划（国际科技合作类）（17YF1WA160）、陇原青年人才扶持计划（LYQN2013003）、兰州市科技计划项目（2013-4-64）、中国博士后特别资助项目（批准号：No. 2013T60889）、中国博士后基金面上项目（2012M521802）、甘肃省留学回国人员项目等的支持。

　　衷心感谢作者单位兰州理工大学计算机与通信学院同事们的大力支持，才使本人有更多精力投入到博士后研究工作中。

　　感谢同课题组的杨亚红、何继爱、姚毓凯、丁凡、唐建新、张建林、霍明明等的帮助，感谢几位素未谋面的审稿专家，在若干次文章修改中，本人对所研究的问题和方法又有了新的思路。

　　还有许多曾经关心过我的同学、师长、亲人、朋友，在此无法一一列出，谨真诚地感谢和祝福他们。

前　言

Holonic 制造单元的调度策略及实现方法是制造系统调度性能和系统稳定性等方面最重要的基础问题之一，但由于调度计算的复杂性和对干扰的鲁棒性差等原因，高性能调度方法很少被应用于实际生产中。本书拟引入 Holonic Manufacturing Systems（HMS）制造哲理的概念，对基于 Holonic 制造系统的制造单元的重构机制及调度单元典型问题进行研究；重点实现 HMS 系统中调度单元与任务的动态调度方法，以及算法求解效率的定量分析；对制造单元中 JSP（Job Shop Problem）、FSP（Flow Shop Problem）和混合系统问题进行了深入分析，提出了确定性演化算法求解这类问题的算法框架。本书的主要内容和贡献如下：

（1）通过企业业务流程及 HMS 系统的深入分析和研究，提出了动态 Holonic 制造系统（Dynamic Holonic Manufacturing System，DHMS）重构模型及其实现方法，该模型从整个制造系统价值链，以及企业级运作的对象、过程、资源、信息等方面进行建模，为 Holon 体系开发了新的应用领域，将 Holonic 制造的研究提升到了一个新的高度；同时也拓展了企业业务流程的范畴，使企业间业务的战略考虑与具体的操作层实施结合起来。在基于 PSORA 参考模型的基础上确定了 DHMS 中 Holon 的种类：虚拟企业 Holon、成员企业 Holon、产品 Holon（PH）、任务 Holon（TH）、运行 Holon（OH）及在线监控 Holon（SH），并对其重构及实现技术进行了定义。

（2）提出了基于排队论的混合流水车间调度模型，将串行与并行排队系统相结合，对其调度规则进行形式化描述，证明了系统的稳定性，并对系统达到稳态工作状态的各目标参量所需条件及其概率特性进行了分析。以最小化工件等待时间为目标函数，通过上述方法对系统模型进行仿真计算，验证了该方法对混合流水车间调度问题是有效的。同时研究了可修排队系统，用概率母函数法对可修排队系统达到稳态工作状态的各目标参量所需条件及其概率特性进行了分析。最后通过数值运算验证了该方法用于这类车间调度问题的分析是有效的。

（3）对 JSP 问题进行深入分析，以求解 JSP 中工件的最小、最大完成时间为目标，通过序列映射方式将连续定义域空间中的变量映射到离散的组合优化问题空间中，采用基于工序编码的方式进行编码，使用顺序插入解码机制对其解码。将改进的 SCE 算法用于求解经典 Job Shop 调度问题，并将结果与基本 SCE 算法进行比较。结果表明，改进的 SCE 算法在解决 Job Shop 调度问题上相比基本 SCE 算法更加有效。

（4）研究了典型置换 Flow Shop 调度问题，以求解工件的最小、最大完成时间为目标，通过 LOV 机制将连续定义域空间中的变量映射到离散的组合优化问题空间中，对工件变量采用基于实数的编码方式编码。将 SCE 算法用于求解 29 个典型置换 Flow Shop 调度问题，并将其与已有的智能优化算法 PSO、DE、GA、NEH 等进行比较，结果表明，SCE 算法在求解该类调度问题上的整体性能要高于其他智能算法，验证了 SCE 算法在置换 Flow Shop 调度问题中的有效性。

（5）对 HMS 系统预测调度问题进行了研究，针对预测调度模型的动态特性，引入数理统计预测方法来构建预测模型，利用 Scatter Search（SS）算法对预测模型中的 3 个参数求最优解，优化的参数可以帮助预测模型得到精确的预测结果，预测结果可以提高预测调度的精确性。

本书通过较深入的建模研究、算法设计、分析计算及仿真系统的开发，取得了一些很有价值的结论。

本书是作者在近年来研究工作的基础上撰写完成的，特别是在西安交通大学系统工程研究所、西北工业大学航空宇航科学与技术进行博士后研究工作的经历，提高了作者对这一领域深入的理解，特别感谢西安交通大学的邹建华教授、西北工业大学的王俊彪教授的指导和鼓励。衷心感谢作者单位兰州理工大学计算机与通信学院同事们的大力支持，使本人有更多精力投入科学研究工作中，才使这些不很成熟的见解得以面世。

由于时间仓促，加之作者水平有限，本书难免会有错误和不足，敬请读者不吝指正。

著者

2017 年 7 月

目 录

第 1 章

绪 论

●●●●●●●●

1.1 引言

先进制造技术（Advanced Manufacturing Technology，AMT）是一个国家繁荣昌盛的核心基础技术之一，是直接创造社会财富的重要手段，是一个国家经济发展的主要技术支撑。21 世纪制造业仍将在国民经济的发展中占有重要的战略地位与作用，是国民经济的基础，其发展水平在很大程度上体现了一个国家的综合实力。

在研究历史上，CAX、FMS 和 CIMS 等制造技术的重点是通过信息技术提高系统的自动化水平，并通过系统集成提高系统的运行效率，降低运行成本。它们都注重对系统功能构成和静态控制结构的研究，适于某种可预测的、相对稳定的经营环境，随着制造环境由静态向动态转变，制造业需要不断更新产品设计，不断改变经营过程和重构制造系统。从系统论的观点出发，虽然可通过协调与控制来减少各种扰动对系统性能的影响；但由于建立在传统组织理论与运筹学基础上的生产计划和调度控制方法，都以系统具有稳定的运行环境为前提，因此，它们在理论上和实践上都面临着巨大的挑战。

制造单元的性能对企业快速响应市场变化及提高核心竞争力起着至关重要的作用，而现有的制造单元控制系统尚缺乏实时动态重构能力，难以在动态变化的市场环境或异常生产扰动条件下进行实时配置、构型调整及调度。

与传统制造系统的构型（指一定时期内系统的状态，表现为厂房内的机床等设备类型、数量和布局等）在规划设计后相对固定不同，以模块化和可转换性为重要特征的 HMS（Holonic Manufacturing System）可通过重构改变其构型，以准确地提供各生产周期所需的功能和产能。因而，对 HMS 运行控制而言，除传统的生产调度外，还需确定生产周期内的系统构型（构型选择）。在实际生产中经常发生不可预知的动态事件，如设备故障、订单变化、急件插入等。为响应动态事件，HMS 不仅可对原调度进行调整，而且还可对 HMS 的构型进行调整。由于生产调度和构型选择紧密关联且相互耦合，为提高系统运行效率，对处于动态环境中的 HMS 必然要将动态调度和构型选择进行整体考虑。现有研究表明制造系统调度和构型选择分别为 NP-完全和 NP-难的组合优化问题，因而集成优化问题将更加复杂。由于 HMS 动态调度和构型选择集成优化问题的复杂性，目前尚缺少有效的求解方法，但不解决 HMS 中动态重构和调度控制这个关键问题，HMS 的自适应重构能力就无法真正得到应用。

HMS 是国际智能制造系统（IMS）研究六个项目的第五项，称为"Holonic 制造系统：自治的模块化系统元件及其分布式控制（Holonic Manufacturing Systems：System Components of Autonomous Modules and Their Distributed Control）"，是针对未来制造系统的要求和现有制造系统的缺陷而提出的体系结构。HMS 具有分布式的系统结构和决策职责，通过制造 Holon 间的协调来实现系统重构和优化，是适于敏捷制造环境的制造模式。Holonic 制造系统涉及制造 Holon 的定义、Holonic 系统体系结构、Holon 间的协调机制、Holonic 制造调度、调度执行及系统执行效率等问题。

HMS 通过生产单元及构型的重组来快速响应市场环境及生产过程中的

实时数据，借助构型的变化，快捷地实现同一产品族中系列产品的加工。在动态多变、多品种、变需求环境下，"何时重构""如何重构""重构与调度的关系"构成了基于移动机器人物流的 HMS 运转的核心问题。最核心的问题和难点是如何通过调度实现非线性重构。HMS 将尽可能在同一时间段允许多条生产线并发作业，这些并发的生产线构成了一个 HMS 系统级构型，系统级构型间的重构成为基于生产线的非线性重构问题的核心技术。本书拟采用制造单元构建、重构与运行集成优化的思路，消除由于规划与执行两阶段分开而导致的 HMS 系统无法适应动态生产环境持续重构的问题，以此来提高制造系统响应动态变化市场的能力。

Holonic 制造控制系统通过协调从原材料到产品转换过程中的所有制造活动，来满足各种制造约束前提下的优化系统性能，包括生产规划、调度、加工路径选择和资源分配等。而来自制造系统内外环境中对制造系统的运行性能产生直接或间接影响的各种扰动和事件，如紧急订单、机床故障、加工时间变化或工艺信息更改等，均会给制造系统带来各种不确定性；因此，制造重构和调度是制造系统稳定运行的前提，高效实用的调度方法和控制策略是先进制造技术的基础和关键。

针对当前关于 HMS 可重构制造生产模式存在的一些认识误区和研究盲点，可进行系统研究来澄清和规范，建立面向制造层次的 HMS 生产模式运行机制。将动态调度思想引入制造系统规划过程中，形成制造系统规划、控制与调度集成优化的技术思路，是本书研究的重点和难点，也是迫切需要展开和突破的研究内容。

通过对相关的制造系统重构和调度理论及方法进行全面和深入的研究，以此来指导对现有制造设备采用 PLC 和新型数控技术等进行低成本、自动化改造，改变企业现有的组织和控制结构；通过合理有效地组织、管理和使用现有制造资源，在一体化的全球市场经济竞争中增强我国企业的适应性、开放性、自组织和创新能力，实现制造系统的整体优化，以便用较少的投资获取较高的效益。

1.2 HMS 研究现状

世界上较早开展 Holonic 制造系统的研究始于国际智能制造系统 IMS 研究六个项目的第五项，称为"Holonic 制造系统：自治的模块化系统元件及其分布式控制（Holonic Manufacturing Systems: System Components of Autonomous Modules and Their Distributed Control）"，包括以下研究内容：

（1）21 世纪的用户需求。

（2）下一代制造系统的关键因素。

（3）测试平台。

（4）测试台基准。

主要涵盖 Holonic 加工系统、Holonic 装配站、系统优化、AGV 任务控制、钢滚轧机控制 Holon 五个项目。这些项目对 Holonic 制造和传统制造系统的性能，从概念到原型系统都进行了比较。

当前的 Holonic 制造研究主要是针对 Holon 体系结构、Holon 之间的协作、Holonic 控制系统的研究。比利时的 Van Brussel 教授和 Jo Wyns 等人提出了 PROSA 参考体系结构，将制造系统归纳为三方面的内容：资源、产品及工艺信息、订单，并建立了相应的 Holon。Holon 之间的协作主要有基于合同网的分布式求解策略和基于拉格朗日松弛法的近似全局最优方法；在控制系统方面有 Gilad Langer 提出的基于 PROSA 参考体系结构的 HoMuCS（Holonic Multi-cell Control System）通用控制结构，采用统一建模语言 UML（Unified Modeling Language）定义 Holon 的功能模型和交互方法；Leitao P. 提出了关于 Holon 控制的基本思想及其在制造系统中的实现技术，即在分布式控制中引入了层次结构 HDC（Hierarchy in Distributed Control）、分布式决策 DDP（Distributed Decision Power）、并行的调度和调度执行 CSSE（Concurrent Scheduling and Schedule Execution）。

就实际应用而言，由于 HMS 和 CIMS 一样首先体现了一种制造哲理和理念，它将把新的理论、方法和技术融入到原有系统中。目前在国外 HMS 还没有真正用于实际的生产系统，其应用尚处于探索阶段。已经建立的应用试验系统主要有 Valckenaers 等人建立的系统优化测试平台，包括四台机器人和传输系统，系统可以同时装配两种不同的产品；Heikkia 等人用两台工作站建立了以机器人加工单元为背景的计算机仿真系统；Tamaya 等人在 Maho 机床（MH 600C）上开发了具有 Holon 特性的机床控制器。关于 Holonic 制造系统中各基本单元之间的交互、通信，及各单元内部的自组织、自适应机制的研究多限于理论和仿真系统的研究。

国内对于 Holonic 制造的研究始于浙江大学的唐任仲，到目前已有十余年的研究历史。国内学者对 Holonic 制造哲理、系统参考模型、制造单元模型构造、系统优化算法等做了大量的工作。沈阳自动化所的王成恩、南京理工大学的袁红兵、南京航空航天大学的王岩等对 Holonic 制造原理和概念进行了研究。巢炎等基于 Holonic 制造系统（HMS）模型，研究了基于 Holon 的工艺系统体系结构，并探讨了体系结构的运行机制。赵普等对 Holonic 制造系统的模块进行分析与设计，并对一个实际的小型柔性制造系统进行了基于 Holonic 制造参考模型的构造。陈庆新等提出了基于包含 Holonic 过程模型的开放式 Holonic 制造系统体系结构，并对制造网格环境下多项目运行的仿真系统进行了建模、分析及评价。安蔚瑾提出了基于 Holon 思想的全过程制造执行系统的功能和结构模型，并以某光纤生产企业为研究对象，初步建立了可集成的全过程制造执行系统。黄雪梅等研究了基于 Agent 与 Holon 智能制造思想体系的可重构生产线制造系统实现技术。

本书作者所在课题组在国家自然科学基金的资助下，针对 HMS 可靠性、可扩展性和适应性的要求，提出了基于 Holon 的柔性制造车间控制体系结构，重点研究了组件 Holon 的结构模型、数据和功能关系、信息传递模型和通信语言基本规范，并从软件体系结构的角度出发，运用 Petri 网对其进行了形式化描述和分析，为基于 Holon 的体系结构设计和分析奠定了基础。其中，课题组在 Holon 制造系统的运行机理、决策逻辑、交互机制及 Holon 控制策略等方面取得了很大的进展，提出了动态 Holonic 制造单元基于握手机制的交互过程与实现方法，从运行机制上实现了技术性因素与非技术性因素的解耦。同时建立了 Holonic 制造控制系统中任务调度的数学模型，包括系统运行状态稳定和异常情况下的调度模型。这些工作为推动动态 Holonic 制造控制系统的建模与优化奠定了理论和方法基础。目前，课题组已在 Holonic 制造系统建模及实时调度策略方面做了初步的工作并发表了相关的论文。

1.3　HMS 调度系统

众所周知，实际生产中很少使用一些高性能的调度方法，主要原因为：①调度的计算复杂，很难在线提供近优调度；②调度鲁棒性差，对干扰很敏感；如果发生干扰，很难继续执行系统所提供的调度。

Holonic 控制结构是在分布控制结构的基础上结合分层控制结构的特点而提出的新型结构方案，其目的在于使系统在具有集中控制系统的可测性、稳定性和全局优化等优势的基础上融入分布系统的鲁棒性、柔性等特点。Holonic 控制提供给模块以自治的权限，使系统对干扰具有快速响应的能力，并为制造系统提供了面临新的需求重新进行构造的能力。它同时还允许模块集成，以构成更大规模的系统。

Holonic 控制系统中的核心模块是 Holonic 资源分配模块，其功能包括资源规划功能（调度）和资源规划执行（调度执行）。目前，有关 Holonic 资源分配的研究主要侧重于具有 Holonic 特性的调度和控制算法的研究。有些学者提出了能够很好地响应干扰的混杂控制，但是其性能和可预测性较差。还有一些学者转向响应式调度的研究，由于对响应时间的限制，往往采用一些性能较差的、快速的调度算法，如基于规则的调度算法。

由于生产中存在各种干扰，导致已生成的调度很快就失效了，很难达到预期的调度性能。因此，目前大多数学者都注重响应式调度的研究。响应式调度是处理具有动态性和随机性特点调度问题的技术。环境中的所有随机因素都可以被看做干扰，如机床损坏、不可预测的加工偏差等，也包括建模的不精确性。

近年来，又出现了分布式调度技术，它是指调度算法分布在许多 Agent 中，组合 Agent 的计算能力和局部知识以优化全局性能。分布式调度的特点是并行计算、软件结构简单及具有自动响应干扰的能力。许多学者都在研究能够更好地响应干扰的分布式调度算法。Leitao P. 和 Restivo F.通过将调度功能分散到制造系统的其他组成单元，利用这些单元的计算能力和局部优化，将调度机制动态地与优化调度结合起来，提高了调度的响应性和鲁棒性。之后，Leitao P. 又提出了分布式的调度干扰处理方法，引入了 Holonic 制造系统的预测管理策略来解决 Holonic 制造系统的重调度问题。Madureira A.和 J. Santos 通过将制造资源映射为 MAS 系统中的单个 Agent，利用 Agent 的动态协商和自然显现性能，结合 Meta-Heuristics 算法的演化能力，实现了制造系统的分布式调度问题。Iwamura K.等人通过 Resource Holon 对资源的设备可利用值进行评估，之后通过 Job Holon 和 Resource Holon 的在线匹配和强化学习，实现了 Holonic 制造系统的实时在线调度。Borangiu T. 等人提出了一种基于 PROSA 框架的 Holonic 制造调度、控制和跟踪方法，将调度和控制系统集成在一起，提高了调度决策效率，但降低了系统抗干扰的能力。Marin F. B. 等通过参数化的最优工作循环调度软件来简化数控系统结构，同时提高了在线加工过程的调度优化性能，但对实际制造系统的工作状况做了极大的简化，与实际制造系统的运行情况相差较大。Renna P. 通过增强分布式制造系统中各制造单元的内部和外部计算能力，来提高单元式制造系统的调度能力，但缺少对系统全局调度性能的评估和分析。Nejad H. T. N. 等人利用多 Agent 系统结构将制造工艺计划和调度集成起来，实时在线提取制造系统状态及外部不确定干扰，提高了柔性制造系统的调度鲁棒性，但同时也导致了制造控制系统和控制算法高的耦合性。Raileanu S. 提出了一种将动态调度任务划分成包括任务建议层和任务执行层的双层结构，在任务建议层向任务执行层发送控制建议，在任务执行层具体实现对任务建议层提供的建议进行评估，择优执行。在提高系统调度控制性能的同时，也造成了两层之间技术性因素和非技术性因素高的耦合性。Kats V. 和 Levner E.研究了具有固定的服务移动机器人和具有相同的加

工时间的 m 个生产相同产品的生产线，为双循环机器调度问题提出了一种快速调度算法。Gong J. 等将分布式任务到达时间控制系统应用于实时动态调度系统中，结果表明此调度控制系统可以提高制造系统的稳定性。Babiceanu R. F. 和 Chen F. F.实现了一种非集中 Holonic 物料处理和调度方法，提供了一种将最具有竞争优势的执行单元实时提供给调度系统的策略。Ounnar F. 和 Pujo P.提出了基于 Holonic 单元构建准则的多重决策调度控制机制，可极大地提高调度执行的准确性，但忽视了单元内部生产的节拍保证，且由于对执行过程及其参数均需经过多重决策环节，调度效率不高。

1.4　课题研究意义

1.4.1　问题的提出

从已有参考文献中可以看出已有的工作主要集中于如下几个方面：

（1）Holonic 制造原理的研究。

（2）Holonic 制造系统参考模型的构造和描述。

（3）Holonic 制造系统中基本 Holon 的交互机制、交互模型及仿真技术。

（4）Holonic 制造系统中基于 Holon 智能制造思想的全过程制造执行系统。

本项目通过引入并行调度与调度执行的基本思想，以实现调度性能和对干扰的响应之间的折中。要实现 Holonic 制造系统的并行调度与调度执行，首先需要一个具有响应式调度特点的调度算法，调整调度以适应环境的变化；其次需要一个能够响应干扰并尽量服从全局调度的控制算法。响应式调度算法的研究及应用已有一些研究成果，而 Holonic 制造控制系统的调度理论、调度执行及调度优化方法却很少有文献涉及。目前所提出的一些调度方法也只适于对实际运行情况进行简化后的制造系统。对于制造系统的调度策略多数是直接引入分层集中式控制系统中的模型和求解算法，在分布式制造系统中运行效率很低或直接不能运行。因此，针对当前关于可重构制造生产模式存在的一些认识误区和研究盲点，可进行系统研究来澄清和规范，建立面向制造层次的 HMS 生产模式的运行机制，将动态调度思想引入制造系统规划，形成制造系统规划、控制与调度集成优化的技术思路，是本书研究的重点和难点，也是迫切需要展开和突破的研究内容。

本书针对上述研究问题，拟从如下几个方面展开工作：

（1）本书拟对 Holonic 制造调度规划及调度执行机制进行研究，建立 Holonic 制造系统单元重构和实时调度集成优化的决策框架，设计实现意图控制的响应式调度算法和 Holonic 控制算法。

（2）建立基于协商的调度执行策略。提出通过接收来自响应式调度 Holon 新调度和参数的关键工作站负荷控制阈值调整方法，设计生产扰动事件驱动的制造资源动态重构调度配置算法，实现生产扰动事件驱动的调度执行。

（3）建立工作站决策算法设计与分析的统一理论框架。分析和归类 HMS 流水线运行中可能发生的紧急事件，建立工作站 Holon 具有多项式时间计算复杂性的在线调度及基于群智能优化算法的决策框架，实现不确定干扰时自主调度执行及扰动分析评估，为 Holonic 调度及智能决策求解提供新途径。

1.4.2　研究内容

本书针对上述研究问题，拟从如下几个方面展开工作；

本书研究 Holonic 制造控制系统调度理论、调度执行及其优化问题，具体包括以下几方面的内容：

1. Holonic 制造控制系统响应式调度模型及基于意图控制的响应式调度算法

（1）研究面向制造层次的 HMS 生产模式的运行机制，将动态调度方法引入制造系统规划中，建立 Holonic 制造系统单元重构和实时调度集成优化的决策框架。

（2）研究通过引入订单工序松弛限制阈值和工作站负荷控制阈值作为实现意图控制的参数，实现调度性能和对干扰的响应之间的折中。

（3）引入订单工序松弛限制阈值 α，通过"准延迟订单"的定义，并在市场机制中考虑了准延迟订单因素，增加对订单完成时间的控制；引入关键工作站负荷的控制阈值 $[\beta_1, \beta_2]$，在市场机制中设计显式的协调机制，以防止关键工作站阻塞或空闲的发生，提高系统的全局性能和物流平衡。

2. 基于协商的分布式调度/控制模型及调度执行策略

（1）研究通过接收来自响应式调度 Holon 新调度和参数的关键工作站负荷控制阈值调整方法，实现生产扰动事件驱动的调度执行，建立生产扰动事件驱动的制造资源动态重构调度配置算法。

（2）研究在任务插入、追加、取消、暂停、未按计划的执行偏差、制造资源能力和状态调整等事件下的动态重构调度算法，生成以制造资源协作和能力共享为核心的动态重构配置方案。

3. 建立工作站决策算法设计与分析的统一理论框架

（1）结合调度模型和工序约束，建立工作站 Holon 具有多项式时间计算复杂性的在线调度及基于群智能优化算法的决策框架，实现不确定干扰时自主调度执行及扰动分析评估，为 Holonic 调度及智能决策求解提供新途径。

（2）研究基于群智能优化算法，如 memetic-PSO（Particle Swarm Optimization），Shuffled Complex Evolution（SCE），的订单智能决策方法，根据各类订单的价值排列顺序、各工序预计加工时间的窗口分布等因素，选择较优的调度方案及其参数发送到实际执行监控系统，用于调度执行。

对体现效率和柔性的 Holon 制造单元设计针对典型紧急事件的重调度、系统调整和启发式方法。

4．HMS 制造调度与调度执行的集成优化方法有效性验证与性能分析

（1）重点研究在动态生产环境下在线不确定系统干扰时的 Holonic 自主调度、调度执行算法及扰动分析方法。

（2）分析与归类 HMS 流水线运行中可能发生的紧急事件，设计针对典型事件的调度与并行调度策略和启发式方法，并对调度及调度执行调整方法的性能和有效性进行验证。

通过本书的研究，实现多维强约束条件下调度 Holon 的在线调度问题，为系统的未来状态提供智能的调度方案。解决静态系统调度中过分依赖当前状态数据，系统敏捷性差的普遍问题。

1.4.3　研究意义

Holonic 制造控制系统通过协调从原材料到产品转换过程中的所有制造活动，在满足各种制造约束前提下优化系统性能，包括生产规划、调度、加工路径选择和资源分配等。而来自制造系统内部和外部环境中、对制造系统的运行性能产生直接或间接影响的各种变化和事件，如紧急订单、机床故障、加工时间变化或工艺信息更改等，会给制造系统带来各种不确定性，因此，制造调度和控制是制造系统稳定运行的前提，高效实用的调度方法和控制策略是先进制造技术的基础和关键。

由于 HMS 单元重构和实时调度集成优化的复杂性，目前尚缺乏有效的求解方法，然而，不解决这个 HMS 运行控制的关键问题，HMS 就无法真正得到应用或者无法发挥出优势。鉴于 HMS 的重要作用和应用前景，美国国家研究委员会（NRC）在报告《2020 年制造挑战的设想》中明确将制造系统重构理论和技术列入六大挑战与十大关键技术中，而且制造重构理论和技术名列十大关键技术之首。在国家自然科学基金委发布的《国家自然科学基金"十二五"发展规划》中，"复杂系统建模、计算与综合集成"和

"复杂任务实时决策、规划与调度"等内容被列为未来 5～10 年的研究前沿与重点领域。在此规划的学科发展部分，工程科学及信息科学分别将"极端制造原理与先进制造技术"和"复杂系统控制、协调与优化等领域的基础理论和关键技术研究"列为具体研究规划。由此可见，制造系统建模、调度及优化理论及其应用研究将成为学术界引人注目的领域。因此，加强对 HMS 信息模型、优化策略特别是调度控制策略的研究，具有极其重要的理论和实践意义，也符合西部大开发中以制造业改造传统产业的发展要求。

通过对相关制造系统控制和调度的理论及方法进行全面和深入的研究，以此来指导对现有制造设备采用 PLC 和新型数控技术等进行的低成本、自动化改造，改变企业现有的组织和控制结构。通过合理有效地组织、管理和使用现有制造资源，在一体化的全球市场经济竞争中增强我国企业的适应性、开放性、自组织和创新能力，实现制造系统的整体优化，以便用较少的投资获取较高的效益。这项研究对提高我国企业的市场响应能力和运行效率具有十分重要的理论意义和现实意义。

1.5　拟解决的关键科学问题与方法

1.5.1　关键科学问题

本书研究中拟解决的关键问题如下：

（1）在明确的约束背景下建立 Holonic 制造控制系统响应式调度模型。该模型应考虑调度执行自主决策是否偏离调度响应干扰，并评估其局部决策对全局性能的影响。执行该调度的各基本 Holon 不仅可利用响应式调度提供的调度结果，还可以利用影响调度决策的一些重要参数作为其局部调整和决策的依据。

（2）生产扰动事件驱动的制造资源动态重构调度配置和意图控制策略及其基于协商的调度执行方法。通过接收来自响应式调度 Holon 的新的调度和参数，根据制造系统在线运行状况(如小干扰、大干扰、急件及机器故障等)，相应地生成订单 Holon 或修改订单 Holon 和工作站 Holon 的阈值，执行新的调度。

（3）建立工作站 Holon 具有多项式时间计算复杂性的最佳在线调度及基于群智能优化算法的决策框架。结合调度模型和工序约束条件信息，采用群智能优化算法，根据各类订单的价值排列顺序和各工序预计加工时间的窗口分布，为系统提供所需的最佳调度。

1.5.2 研究方案

本项目以理论分析、论证推理为主，结合计算机建模与仿真，从典型 Holonic 系统的控制调度问题着手研究，再将其理论方法和结果推广到其他 Holonic 系统的控制调度优化问题上。

本项目拟采取的技术路线如图 1.1 所示，总体上按照调度规划及调度执行机制研究—关键技术攻关—仿真验证的技术路线展开研究。完成各制造单元能力模型、功能模型、形式化描述及验证，并对单元功能进行封装后，按照项目分工，相关的技术攻关同时进行，详细内容如下。

1. Holonic 制造控制系统响应式调度模型

调度执行根据调度 Holon 的职能和调度规划的粒度，按如下步骤进行：

（1）静态/预测调度 Holon 与订单管理 Holon 协作，根据订单优先级和交货期等信息，确定投入的订单、订单批量大小及投入的时间和顺序，进行粗略的能力平衡和调整，对订单大致的完成时间和关键工作站的负荷情况进行估计。

（2）调度 Holon 根据静态/预测 Holon 生成的初步规划，生成一些可行调度以满足各项目标。调度规划中同时考虑调整、运输等有关因素。

（3）响应式调度 Holon 根据干扰情况和调度执行的偏差情况，相应地调整调度以响应干扰并保持调度执行的连续性和稳定性。

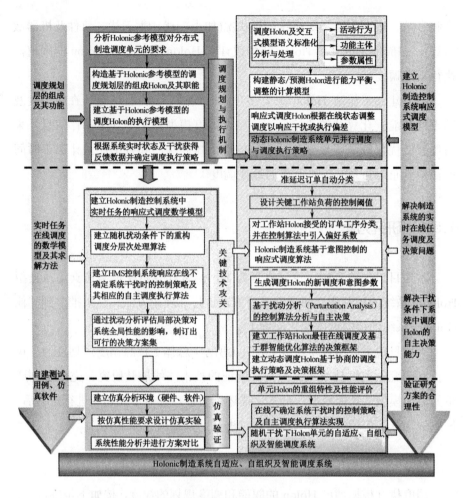

图 1.1　本项目拟采取的技术路线

2. 生产扰动事件驱动的制造资源动态调度策略及其基于协商的调度执行方法

1）基于意图控制的响应式调度算法

通过引入意图控制的概念，设计实现意图控制的响应式调度算法和 Holonic 控制算法，实现调度性能和对干扰响应之间的折中。在算法中拟进行如下设计：

（1）引入订单工序松弛限制阈值 α，通过阈值 α 对"准延迟订单"进行自动分类，并在市场机制中考虑准延迟订单因素，增加对订单完成时间的控制。

（2）引入关键工作站负荷的控制阈值$[\beta_1, \beta_2]$，在市场机制中设计显式的协调机制，以防止关键工作站阻塞或空闲的发生，提高系统的全局性能和物流平衡。

（3）对工作站 Holon 所接受的所有订单工序分为三类：可调度订单工序、准可调度订单工序和不可调度订单工序。使工作站 Holon 可以向前预测 ΔT 时间段，根据系统在线运行状态和预测结果，指导工作站 Holon 调整设备优先级，根据优先级的排序加工高优先级的准可调度工序，以提高决策的全局观点。

2）基于协商的调度执行

对工作站 Holon 对响应式调度的执行，本项目试图避开对调度冲突的分析和预测这一难题，调度与调度执行均采用相似的算法。通过这种处理策略，不仅可使调度执行的各基本 Holon 可以利用响应式调度提供的调度结果，而且还可以利用影响调度决策的一些重要参数作为其局部调整和决策的依据。本项目称这种控制方式为面向目标的意图控制，因为向调度执行提供的不仅仅是行为规划，而且有期望其达到的子目标（参数限制的目标）。

基于协商的调度执行技术路线如下：

（1）响应式调度执行方式。接收来自响应式调度 Holon 的新调度和参数，相应地生成订单 Holon 或修改订单 Holon 和工作站 Holon 的阈值，执行新的调度。

（2）对小干扰的响应。由于小的干扰或预测数据的偏差，使调度执行中的各基本 Holon 的决策结果与调度建议出现差异。为了使订单 Holon 尽量按调度建议选择工作站，则相应地将建议的工作站价格乘以一个偏好系数 K_{Wref}（$0 < K_{\mathrm{Wref}} < 1$），如果乘以偏好系数的建议工作站仍不能被订单 Holon 选中，则说明有更合适的工作站能提供更好的服务。该方法适合处理小干扰的情况，且易于建模和实现。

（3）对大干扰的响应。如果调度执行中出现大的干扰，如工作站损坏，则订单 Holon 和工作站 Holon 可以重协商或利用熟人模型寻找备选工作站。同时向上申请再调度，而无须等到下一个再调度周期。该事件驱动的再调度适合于处理大的干扰。

（4）急件到达响应。静态/预测调度 Holon 分析引入急件对其他订单的影响，如果接受了订单，则应尽早生成急件的订单 Holon，并赋以较高的价值和阈值 α，直接投入调度执行。同时，响应式调度 Holon 进行再调度，并重新调整参数 α 和 $[\beta_1, \beta_2]$。由于急件引入导致不能完成的订单，或者放松订单交货期，或者向其他单元寻求合作或转包。

3）在线不确定系统干扰时 Holonic 自主调度执行算法及扰动分析方法

在线不确定状态下基于扰动分析的 Holonic 自主调度执行算法采用不同于简单调度规则的控制策略。为了能实现按全局优化的原则进行局部自主决策，在线调度 Holon 在其调度执行的决策过程中，需要了解其局部决策对全局性能的影响，因此，调度 Holon 需事先提供这种信息。本书将先以各工序的最早开始加工时间 t_s 对系统调度的影响展开研究，再将这种方法推广到所有类型的干扰中。

首先定义各操作的最早开始时间 t_s 及其偏微分，并由调度 Holon 评估单元 φ_s 事先进行计算，在线调度 Holon 评估单元 φ_{On_line} 以此为基础并在综合考虑系统的实时状态信息后，在 Holon 内部制订出一系列可行的决策方案，并根据局部决策参数和偏微分对方案进行评价，从全局优化的角度作出局部决策，最终实现对扰动作出快速和优化的响应。在基于扰动分析的 Holonic 在线调度算法中，φ_s 与 φ_{On_line} 之间的交互过程按如下步骤进行：

（1）φ_s 定义局部决策参数 ε_d，并将系统性能 Λ 表示为 ε_d 的函数。

（2）φ_s 以离线方式计算全局性能 Λ 对各个局部决策参数 ε_d 的偏微分 $\partial \Lambda / \partial \varepsilon_d$。

（3）φ_{On_line} 构造出多个局部决策方案，并计算它们对系统性能 Λ 的影响，从中选择最佳的调度方案。

3. 工作站决策算法设计与分析

在对工作站 Holon 决策模型求解过程中，拟从仿生计算算法本身出发，证明所使用的算法是一个有限状态空间（$S = \{s_1, s_2, \cdots, s_k\}$）的随机过程（$X_0, X_1, X_2, \cdots$），$\boldsymbol{P}$ 为一个 $k \times k$ 的转移概率矩阵 $\{p_{i,j} : i, j = 1, 2, \cdots, k\}$，利用随机过程理论来分析算法的收敛性和收敛条件，分析算法各参数对组合优化问题参数的灵敏性。在此基础上建立仿生计算的典型方法，如 memetic-PSO、Shuffled Complex Evolution（SCE）、Differential Evolution（DE）等 Meta-heuristic 算法针对智能调度决策优化问题的决策空间、问题映射、编码方式及求解效率的算法框架。

4．HMS 制造调度与调度执行集成优化方法的有效性验证及性能分析

主要针对几类典型扰动，如设备故障、作业交货期提前、紧急作业插入等情况进行验证。首先构建不同的静态调度和 Holon 单元选择方案，然后采用制造仿真软件 Arena 分析在发生设备故障、交货期提前、紧急订单插入事件后，经过重调度和 Holon 单元调整的生产线作业交货期变动和成本变动情况，对方法效果和性能作出评估。

在对 Holon 单元验证基础上，整体测试调度及调度集成优化系统的效果。采用 Arena 软件模拟订单动态到达后，经过包含意图控制的调度及调度集成机制、基于意图控制的响应式调度算法、工作站决策方法等特殊机制下的订单交货期、工作站利用率、系统运行成本的详细数据，与经典的递阶控制方法、混杂控制方法等进行分析对比，验证不同情形下的仿真结果，说明基于意图控制的调度算法及其执行策略的有效性。

1.5.3 可行性分析

本项目采用基于协商的响应式调度算法，其原因是一些高性能的调度优化方法往往不适合于分布式实现，仅能提供一个 Gantt 图式的调度结果，而优化计算过程中利用的中间信息，无法被调度执行的各基本 Holon 所理解并用于局部决策，所以，通过在调度方案中加入意图控制，来实现 Holonic 制造调度性能和对干扰响应之间的折中方案是可行的。

订单管理 Holon 和静态/预测调度 Holon 根据订单优先级、到达时间、交货期和关键工作站的生产能力，对工作站进行粗略的能力平衡和调整，确定在调度预测周期内即将投入的订单集，并估计关键工作站的瓶颈程度；分析调度结果和性能，相应调整各订单的 α 阈值和工作站的阈值 $[\beta_1, \beta_2]$，之后再将调度结果及参数 α 和 $[\beta_1, \beta_2]$ 一起作为调度建议发送到调度执行层的执行监控 Holon，在接收到来自调度执行的再调度请求后，复制当前的系统状态，仍然利用前一次调度的参数作为初值进行调度。如果发生了工作站损坏等重大事件，还要考虑可能产生的新的瓶颈工作站或更严重的瓶颈程度，应相应地调整其阈值 $[\beta_1, \beta_2]$，最终通过若干次迭代计算后就可计算出最佳调度结果，所以基于协商的调度执行技术路线是可行的。

在对工作站 Holon 调度决策模型求解过程中，由于所采用的算法，如 memetic-PSO 混合算法、Differential Evolution（DE）及 Shuffled Complex Evolution（SCE），中候选解在可行解集空间中的运动是时间连续、状态离散的随机过程，通过随机过程理论证明算法的迭代过程本身是连续时间的马尔可夫链或者符合某种分布的平稳随机过程。通过随机过程理论、平稳过程的谱分析及时间序列分析等都可对 memetic-PSO 等群智能优化算法进行理论分析，因此，采用的模型求解算法是可行的。

在对高维决策空间的求解方面，本项目将采用基于扰动分析（Perturbation Analysis）的控制算法，通过不同于简单调度规则的控制策略，实现按全局优化的原则进行局部自主决策，降低了决策问题的复杂性。由于扰动分析将系统全局性能映射为一些局部决策参数的函数，通过计算全局性能对这些局部决策参数的偏微分来计算局部决策参数的选择对全局性能的影响，计算方法更加精确且易于计算误差项，所以决策空间的降维方法是可行的。

第 2 章

动态 Holonic 制造系统
建模及重构方法

• • • • • • • •

随着经济全球化的发展，企业的生产规模越来越大，复杂性越来越高，市场竞争也越来越激烈。制造企业要想赢得市场，赢得用户，必须全面提高企业的交货期（Time，T）、质量（Quality，Q）、成本（Cost，C）、服务（Service，S）和环境（Environment，E）等相关因素。随着经济模式的转变，制造业正朝着多品种、小批量、个性化和市场多变的全球环境的方向发展。在信息技术高速发展的今天，旧的手工式的生产方式已无法适应时代的要求，全自动化与高智能化的生产模式是企业未来的发展方向。可见，传统的生产理论和管理方法已无法适应时代的要求，必须引用先进的制造技术和先进的管理理论。

2.1 基于 DHMS 参考模型的车间内部工作流程建模技术

不同的车间，组织结构不同，功能也不同，车间在不同时期的组织结构、功能也不同，对于敏捷制造变化更大。而对车间实际组织结构的重组非常麻烦，永远赶不上现实生产中的需要。但是，现实生产中为达到 TQCS 的要求，又需要在最佳的车间组织结构上运行生产过程。因此，要开发尽量适应不同车间的车间管理与控制系统，就要撇开车间当前组织结构与功能的限制，建立虚拟的车间组织结构，在虚拟的车间结构基础上运行本系统。而现有的车间组织结构只用来作为行政管理与工作统计的依据。在这种思想下，根据 DHMS 的思想建立虚拟的车间组织结构如下：车间 Holon 由单元 Holon 构成，单元 Holon 是同一车间完成同一任务的资源集合，任务可以是完成一个订单，也可以是完成同一个加工任务。单元 Holon 又是由基本 Holon 或其他单元 Holon 组成的。各 Holon 之间可以随任务需要任意组合，各 Holon 之间不存在永远固定的上下级关系。一个 Holon 也可以为多个其他 Holon 服务。但在一定时期内各 Holon 之间的关系相对稳定，如图 2.1 所示。

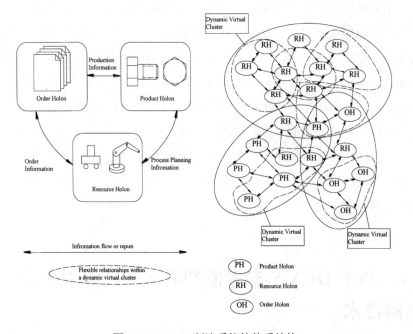

图 2.1　Holonic 制造系统的体系结构

在本系统中车间 Holon 其实也是一种单元 Holon。车间是广义的车间，广义的车间是指车间的范围是不定的，它可以由本车间的单元、本企业其他车间的单元和其他企业的单元动态的组成。我们在车间内部工作流程建模过程中抽象出了四种基本的 Holon：产品 Holon（PH）、任务 Holon（TH）、运行 Holon（OH）及在线监控 Holon（SH）。

2.1.1　产品 Holon（PH）

产品 Holon（PH）具有如下两个方面的主要功能：

（1）与任务 Holon（TH）进行交互。一方面，接收任务 Holon 关于资源分配的指导和调控；另一方面，向任务 Holon 进行状态信息反馈。

（2）与运行 Holon 进行交互。为任务分配合适的资源，对任务的执行情况和资源的负载情况进行监测和调控。

为实现以上功能，产品 Holon 具有以下行为，它们也是虚拟企业分布式经营过程执行的动态行为。

（1）受控行为（功能 1）：接收来自任务的信息（如完成任务的最优期限、任务的执行时间，需要的资源数目、是否进行再分配）。

（2）反馈行为（功能 1）：向任务 Holon 报告任务执行的状态信息，以及执行任务的资源负载信息。

（3）任务—产品—资源分配行为（功能 2）：根据任务 Holon 提供的资源数目等要求，按照一定的准则把任务分配给合适的一个或多个运行 Holon。

（4）监控行为（功能 2）：监测任务的执行情况，以及资源的负载情况；对已分配资源但未开始执行的任务，如果发现运行 Holon 处于过载状况，则进行资源的转移分配，即将对已经完成分配等待中的任务从一个资源转移到另一个资源，以减轻过载资源的负担，保证任务的如期完成。

2.1.2　任务 Holon（TH）

任务 Holon（TH）具有如下三个方面的主要功能：

（1）与成员企业 Holon 进行交互。一方面，接受成员企业 Holon 的静态规划和宏观调控；另一方面，向成员企业 Holon 进行状态信息反馈；如果任务 Holon 对应的活动是输入/输出接口活动，那么任务 Holon 还将与成员企业 Holon 进行输入/输出消息的通信。

（2）与其他任务 Holon 进行交互。在满足任务先序约束的情况下实现任务的实时推进。

（3）与产品、运行 Holon 进行交互。指导产品 Holon 为任务进行资源分配；对任务的执行情况进行实时监控，并作出相应的实时调控。

为了实现以上功能，任务 Holon 具有以下行为，它们都是在虚拟企业分布式经营过程中的动态行为。

（1）受控行为（功能 1）：接收成员企业制定的规划信息，包括任务的最后完成期限、任务的优先权、是否进行动态规划（按照动态调整的任务优先权和最后完成期限的执行任务）等。

（2）反馈行为（功能 1）：向成员企业 Holon 报告任务的执行状态信息。

（3）通信行为（功能 1）：接收成员企业 Holon 传递的外界输入消息（对应输入接口活动）；向成员企业 Holon 发送对外的输出消息（对应输出接口活动）。

（4）路由行为（功能 2）：为了实现任务的有序推进，与具有直接逻辑关联的其他 Holon 进行信息交互；接收某些任务 Holon 发送的订单完成信息；向某些任务 Holon 发送任务活动完成信息。

（5）交互行为（功能 3）：根据执行订单所需的资源和产品信息，将任务的相关信息传递给一个或多个产品、运行 Holon。

（6）监控行为（功能 3）：监控任务的执行状态，预测任务的完成时间，如果任务不能如期完成，则指导产品 Holon 进行资源的再分配（安排更多的资源去执行任务），以消除子经营中的瓶颈。

2.1.3 运行 Holon（OH）

运行 Holon 具有如下两个方面的主要功能：

（1）和产品 Holon 进行交互。一方面，实现任务—资源的分配和再分配；另一方面，向产品 Holon 进行状态信息反馈。

（2）对分配给自己的任务进行调度，并执行这些任务。

为实现以上功能，运行 Holon 具有以下行为，它们也是在虚拟企业分布式经营过程中的动态行为。

（1）任务—产品—资源分配行为（功能 1）：确定执行任务的意向并向产品 Holon 提供自己的相关信息（如工作负载情况、执行某个订单的经验值），与产品 Holon 一起共同实现任务—资源的分配、再分配和转移分配。为了实现资源的优先分配，需要以任务和资源的信息（如资源执行该项任务的经验值、资源的实时工作负载、任务的最后完成期限和优先权）为基本依据，制定一定的启发式规则。

（2）任务的调度和执行行为（功能 2）：根据分配到自己的各项任务的信息，采用一定的启发式规则，对任务进行调度，并实际执行活动。

2.1.4　在线监控 Holon（SH）

在线监控 Holon 用于辅助其他基本 Holon 完成生产任务，它为基本 Holon（产品 Holon、任务 Holon、运行 Holon）提供充足的信息，使基本 Holon 能够正确地自治地解决问题。

在线监控 Holon 具有如下两个方面的主要功能：

（1）和其他 Holon 进行交互，为其他基本 Holon 提供执行任务的建议。

（2）在系统出现意外事件时，对系统作出动态的调整。

为实现以上功能，在线监控 Holon 具有以下行为，它们也是在虚拟企业分布式经营过程中的动态行为。

（1）运用决策库中的信息，结合系统中运行状态，为基本 Holon 的运行作出建议（功能 1）。在静态控制结构中，Holons 是按递阶结构组织起来的，SHs 协调若干 OHs 且与 THs 在加工操作任务分配过程直接相互作用。每一个 SH，作为一个协调器将优化调度计划作为一种建议提供给 THs 和其协调范围内的 OHs。在这种控制结构中，每一个 OH 具有很低的自治性，基本上都是由 SH 提供的建议来运行的。

（2）当意外的干扰发生时，控制结构演化为一种动态的调整阶段，重新组织为一种递阶结构，这使得控制结构能够敏捷地对意外时间作出反应。

2.2　Holon 之间的交互

在基于多 Holon 的虚拟企业模型中，各个种类的 Holon 都是具有独立问题求解能力的自治实体，具有自己的功能和行为。同时，模型中大量的 Holon 并不是孤立存在的，它们自动的尽其所能，并在必要的时候与其他 Holon 进行交互，形成了有意义的两个层次的 Holon 系统。其中，彼此交互的成员企业 Holon（Member Enterprise Holon，ME Holon）形成了虚拟企业全局的多 Holon 系统（Muti-Holon System MHS）；在各个成员企业的局部，形成了成员企业局部的多 Holon 系统，包含若干个彼此交互的任务 Holon、若干个产品 Holon 和若干个运行 Holon。通过成员企业 Holon 的纽带作用，虚拟企业全局的多 Holon 系统和成员企业局部的多 Holon 系统共同组成了一个集成的虚拟企业模型。

2.2.1　企业全局的多 Holon 系统交互

虚拟企业全局的多 Holon 系统由所有的成员企业 Holon 组成，每个成员企业 Holon 都对应且只对应一个成员企业，实现成员企业与外界其他成员企业的协同交互。在虚拟企业全局的多 Holon 系统中，各个成员企业 Holon 都是平等的主体，不存在集中的中心决策，也不存在上下级之间的等级控制关系。成员企业 Holon 之间的平等交互能够产生复杂的智能行为，最终实现对虚拟企业分布式经营过程的全局管理。在虚拟企业分布式经营过程执行之前，各个成员企业 Holon，以协商的方式共同制定子经营中的各个接口活动的最后完成期限、开始时间和参数。在虚拟企业分布式经营过程的执行过程中，成员企业 Holon 之间的交互旨在实现跨越成员企业组织边界的订单交互、订单协调和资源共享。通过成员企业 Holon 为桥梁，可以在维护成员企业的独立性和保密性的前提下，实现跨越成员企业边界的接口订单之间的交互，从而实现各个子经营过程之间正确和有效的互操作。如果成员企业不能按时完成自身子经营过程的接口订单，成员企业 Holon 将通告相关的其他成员企业 Holon，以实现不同成员企业之间的订单协调；如果某个成员企业的某个或某些订单的完成提出了对属于其他成员企业的某个或某些资源的需求，成员企业 Holon 之间将进行实时的协商，以实现不同成员企业的资源共享。

2.2.2　成员企业局部的多 Holon 系统交互

成员企业局部的多 Holon 系统处于整个系统的第二个层次，成员企业内部各个 Holon 彼此交互，共同实现对成员企业子经营过程的管理，包括如下三个层次的交互：

（1）成员企业 Holon 对任务 Holon 的交互。成员企业 Holon 对任务的交互，能够实现对成员 Holon 自身子经营过程的宏观管理；成员企业 Holon 与接口活动对应的任务 Holon 之间交互，能够实现跨越成员企业的自经营过程。

（2）任务 Holon 与任务 Holon 的交互。子经营过程的多个任务之间是相互关联的。相应地，在成员企业局部的多 Holon 系统中，任务 Holon 之间是彼此交互的，旨在实现任务之间的先序处理，顺利高效地完成成员企业的自经营过程。

（3）任务 Holon、产品 Holon、运行 Holon 和在线监控 Holon 的交互。任务 Holon 与运行 Holon 之间交换生产运行知识，产品 Holon 与任务 Holon 之间交换生产知识，产品 Holon 与运行 Holon 之间交换加工运行知识，在线监控 Holon 则对其他基本 Holon 提供建议。

生产运行知识包括如何在特定资源上完成特定加工的信息和方法。它是有关资源能力的信息，即资源能够完成的加工、相关的加工参数、加工质量等。

生产知识表示如何使用特定的资源生产某一产品的信息和方法。特定资源上运行的生产工序、表示生产结果的数据结构、生产计划的评估方法等都是生产知识。

加工运行知识包括有关在资源上加工进展的信息和方法。例如，如何请求加工开始的知识、预约资源的知识、如何监控执行进程的知识、如何中断加工的知识、如何请求资源开始加工的知识等，都是加工运行知识。

基本 Holon 间通过交换有关过程、生产和工艺方面的信息来实现交互。Holon 间的交互通过采用 UML 中的"顺序图（Sequence Diagram）"来描述 DHMS 运行的典型过程。图 2.2 中的方框代表一个 Holon 实例，方框间的连线代表 Holon 间的交互，连线旁的有向箭头表示不同的交互行为，其中完整的箭头表示操作的发起者要等待接收者的应答后才进入下一个操作，半个箭头表示一个单向的信息发送，即不需要等待接收者的应答信号，带实心的箭头表示有重要的信息反馈，与每个箭头相应的编号表示交互顺序。图 2.2 给出了"任务处理""工件加工""增加新的任务"这三个过程的 UML 顺序图。

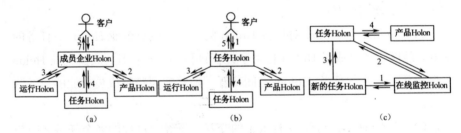

图 2.2   DHMS 系统中 Holon 之间交互过程实例

2.3   Holonic 制造系统参考体系结构研究

2.3.1   Holonic 制造系统的参考体系结构

目前流行的 Holonic 制造系统体系结构是德国 PMA-KULeuven 在国家

基金研究项目 GOAMMS 研究中建立的参考体系 PROSA 模型。PROSA 代表"产品-资源-订单-辅助"体系结构（Product-Resource-Order-Staff Architecture）。它是建立在三个类型的基本 Holon-订单 Holon、产品 Holon 和资源 Holon 之上的，如图 2.3 所示。每一类型的 Holon 负责制造控制的一个方面：后勤方面要素（有关用户的需求和完工日期，由订单 Holon 负责）、技术方面要素（如需要进行哪道工序以获得高质量的产品，由产品 Holon 负责）或是资源能力方面要素（如何驱动机器以最优的速度运行，由资源 Holon 负责）。除以上三种基本 Holon 外，还提供了辅助 Holon。辅助 Holon 是具有专家知识的 Holon，用来协助基本 Holon 工作。它向基本 Holon 提供信息、知识、经验，使基本 Holon 能以全局优化的决策解决问题。在这个过程中基本 Holon 仍然负责决策，辅助 Holon 只是外部提供建议的专家。

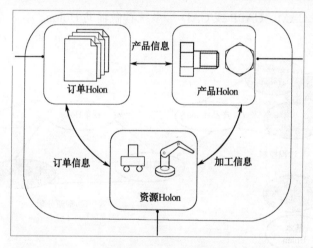

图 2.3　HMS 参考模型

由上述三个基本 Holon 组成的 Holon 制造系统基本运行过程如下：首先根据市场预测或客户订单，系统产生相应的产品 Holon，它在系统运行时维护技术性信息。订单 Holon 通过产品 Holon 获取有关产品如何制造的信息，并通过与资源 Holon 协商实现制造订单。订单 Holon 用于管理非技术信息，如确定适合采用哪个机床来完成某个制造操作等，而由资源 Holon 实现对制造资源的控制。在 HMS 运行过程中，基本 Holon 间要交换以下三类信息：①工艺信息，涉及如何在一个资源上完成某个操作的信息，资源

Holon 据此实现从原材料到产品的转换过程；②生产信息，如加工作业进度和在制品库等信息；③过程信息，指与某个资源的加工过程相关的信息，如机床故障和加工过程中断与恢复等。

分布式控制结构中每个控制实体都被赋予了某种自主决策能力，以便在系统出现扰动时实现系统目标。而传统的集中式或递阶控制结构在稳定的、可预测的运行环境中具有很好的系统性能。为了能兼顾两者的优点，在 HMS 参考模型中引入了辅助 Holon。它具有传统递阶控制结构中上层控制实体的某些功能，但它只是向基本 Holon 就某个问题提供决策建议，而不是直接发布命令，适用于分布式控制不能很好地解决问题的场合，以便实现一种介于递阶控制与分布式控制之间的控制结构。如图 2.4 所示，对制造控制的资源分配问题来讲，可将调度看做辅助 Holon，而对于过程控制来讲，可以将 CAM、CAPP 或 CAD 等系统看做辅助 Holon。

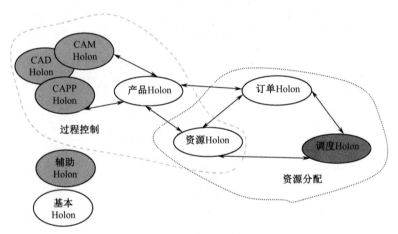

图 2.4　加入辅助 Holon 的系统模型

图 2.4 描述了在一个调度辅助 Holon 的协调下，订单 Holon 和资源 Holon 间通过协作完成一个订单的情况。调度 Holon 根据订单 Holon 提供的要完成的订单任务及资源 Holon 提供的资源能力信息，制订一个调度计划，并将它作为一个建议发送给资源 Holon 与订单 Holon。由于订单 Holon 和资源 Holon 将调度 Holon 给出的调度计划作为一种建议而非命令，因而，这里并没有引入一种刚性的递阶结构。

通过在 HMS-RA 中三个基本 Holon 的基础上进一步引入辅助 Holon，实际上解除了敏捷性、可靠性和系统性能之间的耦合关系。一方面基于三个基本 Holon 的系统结构，使得系统易于扩展和重构，从而使系统具有可靠性和敏捷性，而通过辅助 Holon 可以实现所需的性能优化。具体来讲，当系统中存在扰动和不确定性时，基本 Holon 将对扰动作出自主决策；而在系统运行稳定时，可通过辅助 Holon 组织一种临时性的递阶结构，此时基本 Holon 只是简单地执行辅助 Holon 给出的决策，以提高系统运行性能。要实现基本 Holon 和辅助 Holon 之间的这种动态组织关系，自主决策能力应当合理地分布于基本 Holon 和辅助 Holon 之间。

2.3.2　Holonic 制造系统的控制策略

递阶控制基于控制实体间的"命令-响应"关系，在稳定的运行环境中具有较好的系统性能，但对扰动的响应特性差。分布式控制通过将自治性和决策职责赋予系统中的所有控制实体以增强系统处理扰动的能力，但它难以实现全局优化，且系统性能的可预测性差。任何 Holon 一方面具有响应扰动所需的自治性，同时又都具有系统性能优化所需的协作性，因此，基于 Holon 概念的 Holonic 制造控制系统（Holonic Manufacturing Control System，HMCS）有可能将递阶控制和分布式控制的优点结合起来而又避免它们的缺点。

为了实现 Holon 制造控制，这里首先提出有关 Holon 制造控制的三个概念：①分布式控制中的递阶结构（Hierarchy in Distributed Control，HDC）；②并行的调度与调度执行（Concurrent Scheduling and Schedule Execution，CSSE）；③分布式决策能力（Distributed Decision Power，DDP）。

概念 1　分布式控制中的递阶结构

HMCS 是一个由三个基本 Holon 组成的分布式控制系统，其中还有一些起协调和优化作用的辅助 Holon。根据这一概念，如图 2.5 所示，HMCS 首先应包含一组自治、协作的订单 Holon 和资源 Holon，同时引入调度 Holon 和在线状态监控 Holon OSS（On-line Status Supervise）这两个辅助 Holon，用于协调基本 Holon 的决策过程。资源 Holon 和订单 Holon 具有关于特定资源和订单的状态模型，它们保存的信息准确、详细、及时，它们能对扰动作出快速反应。辅助 Holon 具有关于系统全局的模型和知识，能评估资源 Holon 和订单 Holon 的决策对系统全局性能的影响，并通过协调基本 Holon 的决策过程，实现系统目标的全局优化。图 2.5 中用"协调（Coordination）"专指辅助 Holon 和基本 Holon 间的交互，而用"协作（Cooperation）"专指基本 Holon 间的交互。

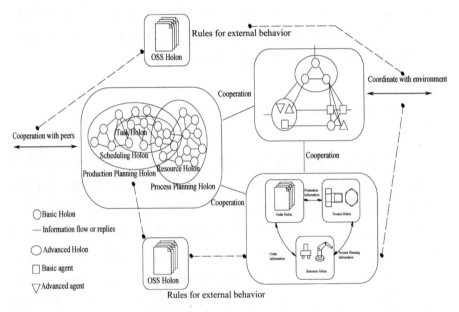

图 2.5　加入递阶结构的 Holonic 制造系统模型

概念 2　并行的调度与调度执行

HMCS 中的两个辅助 Holon，即调度 Holon 和 OSS Holon 在系统运行时应"独立"和"并行"地运行，这里"独立"是指两者具有各自的决策逻辑，而"并行"是指某个时刻这两个 Holon 的决策过程是并行地进行的。基于 CSSE 的概念，当 HMCS 中出现扰动时，OSSHolon 将立即作出快速反应，同时调度 Holon 将根据某种优化算法，对调度方案进行优化调整。根据系统扰动的不同，调度 Holon 可以采用周期性地或基于事件的调度调整技术来更新调度计划。周期性调整比较简单，适于处理加工时间变化等具有可预测性的小扰动，这些扰动将被定期地、一次性加以考虑。基于事件的调度调整更适合于机床故障、工件报废或紧急订单等大的、具有突发性质的扰动。

概念 3 分布式决策能力

HMCS 的决策能力应在基本 Holon 间、辅助 Holon 间，以及基本 Holon 和辅助 Holon 间分布。系统的决策过程由所有 Holon 决策过程间的交互实现。如图 2.6（c）所示，决策能力分布于基本 Holon 和辅助 Holon 后，它们在系统运行时将对同一问题进行各自独立的决策，但两者间不是某种刚性的"主从式"关系。辅助 Holon 不时提出决策建议，而基本 Holon 也具有自主决策能力。基本 Holon 的自治程度是动态变化的，即当系统中扰动增加时其自治性将提高，此时它将忽略辅助 Holon 的决策建议而进行自主决策，以便对扰动作出快速响应。反之，当系统比较稳定时基本 Holon 的自治性将降低，它将把辅助 Holon 的决策建议作为命令直接执行。这种"动态自治性"是通过"固定的规则和柔性的策略"规则来描述的。

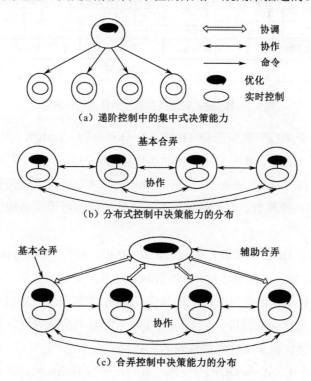

（a）递阶控制中的集中式决策能力

（b）分布式控制中决策能力的分布

（c）合弄控制中决策能力的分布

图 2.6 Holonic 制造系统决策能力分布结构

如图 2.7 所示，HMCS 体系结构由反映系统静态特性的功能模型和结构模型，以及反映系统动态特性的 Holon 间交互机制模型和 Holon 内部的控制策略组成。上述三个基本概念与 HMCS 体系结构各组成部分之间的关系如下：

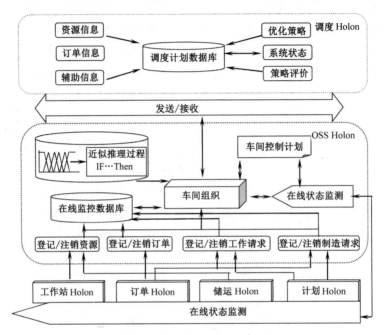

图 2.7　Holonic 制造控制系统的体系结构框架

（1）基于 HDC 的概念和 HMS-RA 体系结构，HMCS 中应包括资源 Holon、订单 Holon、调度 Holon 和在线监控 HolonOSS，其中前两者是基本 Holon，后两者是辅助 Holon。这些 Holon 的基本功能及其规范化描述构成了 HMCS 的功能模型，它们的职责和相互间的静态组织关系构成了 HMCS 的结构模型。

（2）基于 HDC 和 CSSE 的概念，在 HMCS 运行时调度 Holon 和 OSS Holon 将并行地、独立地运行。OSS Holon 能基于实时状态信息并利用现有调度计划对扰动作出快速响应，而调度 Holon 能对调度计划进行调整，以优化系统的整体运行性能。它们通过在适应的时刻交换调度计划调整和状态信息，以便优化系统性能并快速响应扰动。

（3）基于 CSSE 和 DDP 的概念，本书将研究 Holon 内部的控制策略，并将重点放在 OSS Holon 上，研究 OSS Holon 如何在系统运行时尽可能执行调度 Holon 制订的调度计划，而在出现扰动时将直接作出快速反应，研究并提出几种 Holon 控制策略。

2.4　DHVE 参考模型的映射

为了解决单元化控制的主要问题，本书将第 1 章提出的参考模型进行进一步的映射，映射方法包括一个通用的系统框架、系统中的构件及其功能、结构、依赖关系、相互作用、约束、数据、接口、规则等。它具有指导性，在具体的实施中可以根据实际情况进行裁剪。本书对系统框架及其构建的描述采用层次模型，如图 2.8 所示。

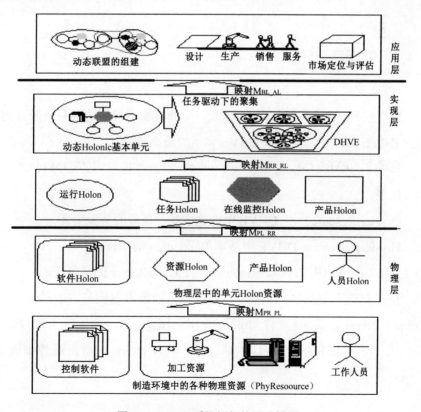

图 2.8　DHVE 系统框架的层次模型

定义 1　DHVERM = {P,R,A} 代表 DHVE 参考模型

其中 P、R、A 分别代表物理层（Physical Layer）、实现层（Realization Layer）、应用层（Application Layer）。

三个层次的功能描述如下：

（1）物理层：定义 DHVE 的具体资源构成，它提供了从各种制造实体（如机床、运输设备、计算机、控制软件甚至工作人员）到 Holon 的映射方法。

（2）实现层：定义 DHVE 中 Holon 所能提供的基础服务（实现 Holon 体系的基本功能）。

（3）应用层：在实现层的基础上，建立 DHVE 的应用领域（如任务的分解与执行，动态联盟的组建等）。

2.4.1　物理层

物理层处于 DHVE 模型的最低层，它将现实世界中的各种资源分类映射到 DHVE 体系中，是构筑 DHVE 体系的最小粒子。

定义 2　PM={{M_{PR}:PhysicalResource　PhysicalLayer},{MapRule}} 为物理层模型。

PhysicalResource——DHVE 中能完成某一任务的资源集合。

PhysicalLayer——DHVE 中基本单元 Holon 的集合。

MapRule——从 PhysicalResource 到 PhysicalLayer 的映射规则。

按照制造系统的实际情况，根据 M_{PR}，抽象出四类基本 Holon：人员 Holon（$PH_1=H_{Human}$）、软件 Holon（$PH_2=H_{Software}$）、设备 Holon（$PH_3=H_{Equipment}$）、产品 Holon（$PH_4=H_{Product}$）。具体 Holon 的资源属性如表 2.1 所示。

表 2.1　DHVE 中的资源属性

Holon 分类	资源属性
人员 Holon	领域属性：技术人员、供销人员、管理人员，财务人员、客户等
	水平属性：高级（专家级）、中级（熟练级）、初级（新手、初学者）
软件 Holon	技术类软件：CAX、领域专家系统、控制软件、通信软件等
	管理类软件：ERP/MIS/CRM 等
硬件 Holon	设备：制造设备、运输设备、控制设备、通信设备、计算机、工作站等
	产品：成品、部件、外购零部件、原材料等

2.4.2　实现层

本书提出的模型采用层次结构，它有助于将上层的应用与底层的物理实现分开，建立具有互换性、能够即插即用的系统。本节将在物理层（Physical Layer）的基础上，对物理层的基本 Holon 进行抽象、组合，进而实现 Holon 体系的基本功能。

定义 3　$RM = \{\{M_{PL \to RR} : P(BasicHolon) \to P(Holarchy), DHVE\}$ 为实现层模型

$M_{PL \to RR}$：从基本 Holon 到满足一定需求的 Holarchy 的组织方法，满足 $\forall h \in P(BasicHolon)$, $M_{PL \to RR}(h) = h_S$, $h_S \in P(Holarchy)$

$P(Holarchy) = \{H_{org}, H_{Cooper}, H_{Com}\}$

H_{org} ——组织 Holon。

H_{Cooper} ——协同 Holon。

H_{Com} ——通信 Holon。

$DHVE = \{h_R \mid h_R = M_{RR \to RL}(h), h \in P(BasicHolon)\}$。

h_R ——实现层的资源 Holon。

$M_{RR \to RL}$ ——从 P（BasicHolon）映射到 h_R 的方法。

仅有物理层的 Holon 直接组成的系统将会显得杂乱，难以控制和预测。因此，Holon 体系引入了层次来处理系统的复杂性问题。聚集（Aggregation）是形成 Holon 层次的有效方法之一。聚集 Holon 是指将一组相同或不相同

的 Holon 聚到一起，形成一个更大的 Holon，它具有新的独立标识。与聚集过程相反的过程是分解过程（Disaggregation），是指一个 Holon 可以分解为若干更小 Holon 的聚集。例如，若干设备 Holon 可以组成单元 Holon，而单元 Holon 也可以分解为若干设备 Holon，如图 2.9 所示。聚集与分解这两个过程可以不断地分解下去，进而形成一个顶部和底部开放的 Holon 体系。在 Holon 体系中，可以根据实际需要将一个 Holon 看做一个整体或是有若干 Holon 的集合，这个演化过程是由 DHMS 系统的分形特征来保证的。

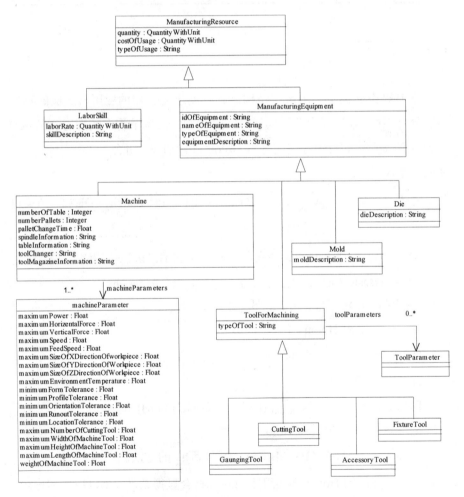

图 2.9　制造资源 Holarchy 的层次

由于 Holon 在聚集的过程中形成了一个具有独立标识的更大的 Holon，原有的那些 Holon 的信息就融合到了新的系统中了。原有的信息在原来的聚集层次上是独立的，而聚集之后就应该进行相关信息的融合，以使得到的信息是一个有机的整体，这在 Holarchy 的实现中是非常重要的，它关系到 Holarchy 的自相似性的实现，而现有的 Holonic 制造系统研究并未非常重视这一点。

从上述分析可以看出，聚集与信息融合使 Holon 具有自相似性，它可以简化系统控制的复杂性，使递阶结构与协同结构有机地结合起来，充分利用二者的优势，是解决复杂性与柔性的新途径。

2.4.3　应用层

参考模型的物理层阐述了 Holon 的组成元素，其实现层说明了 DHVE 的构成与特性，以及整个 DHVE 的技术实施规范。在这个基础上，可以像堆积木一样根据实际需要选取不同的 Holon 单元模块或由它们组成的聚集 Holon，按照 Holarchy 的组织原则构建 DHVE，抓住市场商机，实现共赢的竞争策略。从底层的角度来看，一个 Holon 单元可能无法单独完成一项任务，它就可通过网络广播请求协作信息，其他同类或异类的 Holon 单元若有需要就可以与发起者协商，协商成功则可以形成具有一定能力及独立标识的聚集 Holon（类似制造单元、车间等组织，但具有 Holon 特性），它是针对这个任务的。在此基础上，可以实现跨企业的 Holon 聚集，从而形成更大的 Holarchy 以达到优势互补、把握商机的目的。

在应用中，有一个角色（Role）的概念。如一个实现层的 Holon，在应用层中可以扮演不同的角色，向其他 Holon 提供物料时，它扮演供应 Holon 的角色，而在招标时则扮演了客户 Holon 的角色。而一个实现层的单元 Holon，在应用层中扮演的是客户 Holon、供应 Holon。这种角色的扮演，实际是一种映射机制。

形成 DHVE 并不是模型本身的目的，它只是为各种具体的动态联盟、供应链及敏捷制造的应用提供一个平台。21 世纪的企业在互联网及电子商务等相关技术的推动下，逐渐转变为具有核心竞争力的实体，企业必须尽力缩短其供应链，降低供应成本、销售成本，管理客户信息，抓住市场机遇。

DHVE 参考模型具有很好的开放型，它允许在此基础上的各种具体应用与实现，如供应链管理、电子商务、客户关系管理等。应用层是模型中开放的层次，它允许用户在底部层次上灵活地构建自己特有的应用。后续各节将会对应用层具体的一些关键技术进行论述。

2.5　基本 Holon 的建模

21 世纪的制造企业所面对的挑战主要表现为以相对不变的制造设施快速生产品种多变的产品，这就要求制造系统必须具备如下特点。

（1）干扰处理能力：能对机器故障、紧急订货、不可预测的过程效应和人的错误等进行有效的识别，并作出正确的响应。

（2）与人集成能力：能充分利用人力资源，包括人的智能。

（3）可用性：不论系统大小和复杂程度如何，都具有良好的可靠性和可维护性。

（4）柔性：能支持产品设计的不断更新变化、产品品种的多样性，以及小批量生产。

（5）鲁棒性：能在面临各种大小故障的情况下维持正常的运转。

同时要求制造控制结构中基本的组成模块具有一定程度的自主决策能力，也就是基本组织模块必须具有达到系统任务的智能。DHMS 制造系统中从基本单元 Holon 到制造系统智能的演化过程如图 2.10 所示。

若干底层资源与软件代理加上专家知识就可以演化为一个智能单元，若干智能单元再根据具体的任务进行重组，形成新的智能单元，智能单元按照问题的粒度进一步演化为具有智能的制造企业。

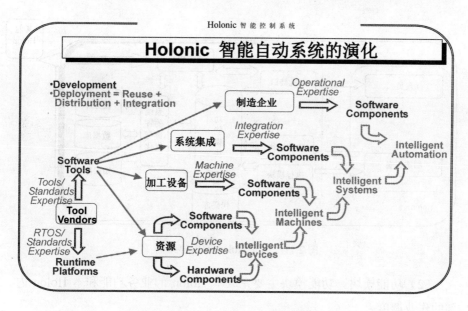

图 2.10　Holonic 智能自动系统的演化过程

2.5.1　基本 Holon 的结构及工作原理

Holon 的结构主要借鉴了分布式人工智能中多代理系统的结构，为方便系统的构造与实现，许多情况下 Holon 与代理是完全等同的（见第 6 章）。本系统中的最底层 Holon 主要由人员、软件代理、硬件部分组成，如图 2.11 所示，对于实现层及应用层 Holon，只包含人员和软件代理部分。人员主要操作硬件和软件完成工作；软件代理主要协助人员完成车间的各种工作，本书通过对 Holon 中人员使用软件权限的限制来控制 Holon 的功能，动态生成 Holon 的软件。为使 Holon 具有自主性和协作性，软件代理要包括以下模块：人机接口界面模块、功能模块、通信接口模块、本地数据库模块、本地知识库模块及设备接口模块等。Holon 的自主性主要由 Holon 内部人员的智能来保证。

（1）人机接口界面模块。人机接口模块提供人员和软件代理的交互，包括图形化界面等。

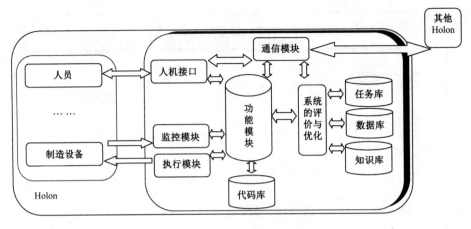

图 2.11 单元 Holon 的内部结构

（2）功能模块。功能模块主要完成本 Holon 的业务功能和本 Holon 内部的作业调度。

（3）通信接口模块。通信接口模块主要完成与其他 Holon 的交互。

（4）本地数据库模块。本地数据库模块主要存放本 Holon 的局部数据（包括本 Holon 的状态、信息等），以及因网络故障而暂时不能提交给总机的全局性数据。

（5）本地知识库模块。本地知识库模块存储着本 Holon 具有的方法、行为，以及发生的条件等。

（6）设备接口模块。设备接口模块主要用于从数控设备采集数据和向设备发送 NC 程序等。

2.5.2 基于 Agent 的基本 Holon 模型

1. 建模方法

AOP（Agent-Oriented Programming）的概念是由美国 Stanford 大学的 Shoham 等人于 1990 年首先提出的。与 OOP（Object-Oriented Programming）相比较，在 AOP 方法中，程序的框架是由一些 Agent 的固定状态构成的。AOP 是由诸如通知、请求服务、提供服务、接受服务、竞争、合作等机制的 Agent 组成。这些 Agent 具有诸如信念（包括对环境的信念、对自己的信念、对其他 Agent 的信念等）、能力和决策等属性。OOP 和 AOP 之间的关系如表 2.2 所示。

表 2.2 AOP 与 OOP 比较

	AOP	OOP
基本单元	Agent	对象（Object）
单元状态定义	信念、期望、意图等	无约束
交互方式	消息传递与响应	消息传递与响应
消息类型	Notify，Require，Acknowledge，Refuse	无约束
程序设计	面向 Agent	面向对象
方法的约束	守信、相容	无
智能性	强	弱
自主性	强	弱
社会性	有	无

为使所构造的模型能够满足系统对 Holon 的要求，也为了方便第 6 章中用 MAS 系统对 DHVE 的实现，本书用 AOP 方法对 Holon 模型进行描述。

基于 AOP 的单个 Holon 的建模，首先需要确定 Holon 的各种意识元素。作为 Holon 的意识在 AOP 方法中的对应，其"方法"是唯一而确定的。然而，Holon 的意识元素却又可以有许多种，并且不存在唯一正确的意识元素方案。意识元素的选取取决于不同的需求和研究定位。

从系统重构的角度来对 Holon 进行系统分析，选取知识（Knowledge）、信念（Belief）和行为（Behavior）作为 Holon 的意识元素，并赋予了它们具体的领域含义。

1）知识（Knowledge）

知识表示 Holon 具有的固定不变的信息，本章进一步将知识定义为领域知识。

2）信念（Belief）

信念表示 Holon 的动态可变更信息，如系统中具体任务的信念实例：

```
UNIT    n-Deadline /*the deadline of finishing the task*/
UNIT    n-Priority    /*the priority of order*/
OrderStatus as_ order /*the real-time status of order,
              one and only one of {finished, performing, waiting, unscheduled}*/
```

3）行为（Behavior）

在第 2 章中给出了各个种类 Holon 的行为。在这里，进一步把 Holon 的行为简化分为私有行为和公有行为两类。其中，私有行为表示 Holon 特定的、独立的问题求解能力（Holon 的自主性）；公有行为表示与 Holon 协同机制对应的行为（Holon 的协作性）。这两种行为之间存在着互相触发的关系。一方面，为了执行某个协同行为，需要首先完成一定的私有问题求解行为；另一方面，能否执行私有问题求解行为，往往取决于是否完成了某个协同行为。私有行为和公有行为的集成，使 Holon 成为具有自主性和协作性的实体。

由于 Holon 的所有协同行为都是通过 Holon 之间的消息通信实现的，所以可以采用知识查询和处理语言（Knowledge Query and Manipulation Language，KQML）实现 Holon 的通信。可以认为，Holon 的协同行为最终为对 KQML 消息的接收、处理和发送。KQML 既是一种消息格式，又是一种消息处理协议，能够为 Holon 之间的互操作和知识共享提供支持。KQML 消息中传递的消息内容是不透明的，因此，使用 KQML 能够实现内部结构与外部通信的分离。基于语言行为理论（speech acts），KQML 提供了丰富的原语（performatives）集合，一条 KQML 消息包括一个原语（消息类型）和一系列参数的集合。

（1）sender：消息发送者。

（2）receiver：消息接收者。

（3）reply-with：消息发送者期望的回执标签。

（4）in-reply-to：回执标签。

（5）content：消息内容。

（6）language：消息内容表示语言的名称。

（7）ontology：消息内容使用的本体名称。

根据 Holon 的交互情况，设计以下 KQML 原语：Proposal、Acceptance、Plan、Info、Announcement、Bid、Award、Refusal；Report、Transit、Increase、Re-plan、Notification、I-Announcement、I-Bid、I-Award；Completion 等。

面向对象的建模方法中，系统的静态模型集中关注系统中的对象类、属性、方法及类之间的关系。在 UML 中，一般使用类图来表示，其中对象类图定义了类的名称、属性和方法，类之间的关系主要有关联、继承、聚合等。由于 Agent 和对象存在如前面所谈到的种种差异，因此，不能使用类图直接表示多 Agent 系统，学者们通过对 UML 进行扩展得到 Agent UML 来进一步构建多 Agent 系统的静态模型。其主要扩展表现在以下几个方面：

（1）和对象类一样，在 Agent 类中也使用了属性和方法的概念，不过和 UML 对象类中的相比，增加了 Agent 知识、规则等内容。

（2）为了表示 Agent 能够在无外界直接控制操纵的情况下，根据其内部状态和感知的环境信息，决定和控制自身行为的能力，使用了状态这一概念，来表示 Agent 所能呈现的状态值及改变状态的行为。

（3）Agent 之间的交互采用的是 Agent 专用的通信语言，遵循一定的交互协议和本体，是真正的"消息"。为此，Agent 类中还表示出了 Agent 和其他 Agent 进行交互所使用的通信语言、交互协议和本体。

其他 AUML 对象建模技术中的协议图、状态图、用例图等均和 UML 中相似，只不过是在机制上进行了一些扩展，在模型说明中可以直接使用。图 2.12 所示为制造单元通过协作构成一个 DHVE Holon 的类图及相互关系示意图，由于基于 AUML 建模到目前还没有专用的 AUML 开发工具，所以依然在 UML 平台上进行建模与分析。

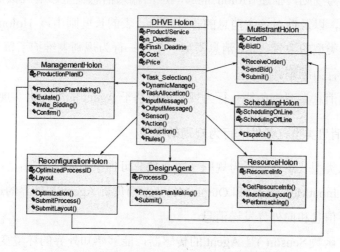

图 2.12　DHVE Holon 各协作 Holon 的类图结构

2．基于消息的 Holon 行为组织

Holon 的行为是纷繁复杂的，如何有效地组织它的私有问题的求解和公有行为，是保证 Holon 快速、正确运作，进而保证整个 Holon 系统快速、正确运作的关键。由上一节我们知道 Holon 的行为分为私有行为和公有行为，其中公有行为是通过消息来实现通信的，具体体现为对 KQML 消息的接收、处理和发送；同时 Holon 的私有问题求解行为和协同行为又存在相互触发的关系。因此，可以认为，Holon 的这两类行为的产生都源于输入消息的触发。基于以上分析，提出基于消息的 Holon 行为组织方法。

首先，提出 Holon 的消息类型—条件—行为规则，它的组成如下：

（1）消息类型：KQML 原语，表示消息的种类。

（2）条件：包括消息条件和信念条件，分别用于判断输入条件的具体信息、当前信念是否满足一定的条件，从而确定是否执行消息中请求的行为。

（3）行为：当条件满足时，执行与该类消息对应的各种行为，包括信念的更新，私有问题的求解行为、协同行为；在执行协同行为时，Holon 将向其他 Holon 发送 KQML 消息。然后，对每个 Holon 都可以建立一个属于它自身的消息类型—条件—行为规则表。表的每一项都是一条消息类型—条件—行为规则，描述 Holon 能够响应的输入消息类型、响应该类消息的各种条件，以及针对该类消息的各种行为。表的长度则由该 Holon 能够响应的消息类型的数量决定。消息类型—条件—行为规则表维护了每个 Holon 的消息—行为准则。

上述消息类型—条件—行为规则可由基于 Agent 的编程来实现。

3．消息类型—条件—行为规则的实现

消息类型—条件—行为规则（图 2.12）可抽象为如下函数：

（1）InputMessage( )和 OutputMessage( )负责 Agent 与外界的通信，即接收外界信息和向外界发送消息。

（2）函数 Sensor( )是 Agent 的传感器，能够感知外界的环境变化。

（3）函数 Action( )负责执行 Agent 的行为。Agent 行为可以作用于自身、

其他 Agent，也可以作用于外界环境。在实际的 Agent 中，该函数常被具体的行为函数代替。

（4）函数 Deduction( )表示 Agent 的思维。它负责从 Agent 的知识库中提取相关的知识并作出决策。

（5）函数 Rules（number：int）描述 Agent 的知识规则，其参数为选择的规则号，与消息类型—条件—行为规则中的知识规则相对应。

协助者 Holon：负责与其他 Holon 进行通信和协调、招标和投标通信协议配置等。其属性和操作可定义如下：

```
Class MinistrantHolon{
    int OrderID；//订单 ID
  int BidID；//标书 ID
  public：
  int ReceiveOrder( )；//从其他制造单元 Holon 处获得订单
  int Submit( )；//提交订单给生产管理 Holon 和工程设计 Holon
  int SendBid( )；//招标
}
```

生产管理 Holon：主要任务是根据协助者 Holon 发来的订单制订生产计划，同时负责订单的招标和投标，当单元内的生产任务不能完成时，就通过协作层 Holon 以招标方式在网上寻求合作伙伴。

```
Class ManagementHolon{
    int ProductionPlanID：//生产计划 ID
  public：
  void Confirm( )；//向协助者 Holon 确认订单
  void Evaluate( )； //评估订单内容，如单元内部不能完成，则通过协助者 Holon
在网上招标
  int Invite Bidding( )；//向协助者 Holon 发出招标信息
  int ProductionPlanMaking；//根据订单制订生产计划
}
```

工程设计 Holon：根据订单进行产品的结构设计、工艺设计，并根据制造资源信息生成零件的可选工艺路线。

```
Class DesignHolon{
    int ProcessID；//工艺路线 ID
  public：
```

```
        int ProcessPlanMaking( );    //生成可选工艺路线
        int Submit( );  //将可选工艺路线提交给单元重组 Holon
```

单元重组 Holon：根据可选工艺路线和制造资源信息制订最优工艺方案，并优化设备布局。

```
Class ReconfigurationHolon{
        int OptimizedProcessID；    //优化工艺路线 ID
int LayoutID；//布局 ID
    public：
        int Optimization( );  //根据制造资源信息制订最优工艺方案
        int SubmitProcess( );    //将优化工艺方案提交给调度 Holon
        int SubmitLayout( );  //将优化的布局形式提交给制造资源 Holon
}
```

生产调度 Holon：主要负责接收重组 Holon 的工艺方案优化结果，并把加工作业分配给制造资源 Holon。

```
Class SchedulingHolon {
    public：
        int Diapatch( );  //分派任务给制造资源 Holon
}
制造资源 Holon：封装了单元内各种制造资源，主要任务是执行加工操作。
Class ResourceHolon{
        char* ResourceInfo；    //制造资源信息
    public：
        char* GetResourceInfo( );  //获得制造资源信息
        int PerformMachining( );  //执行加工操作
        int MachineLayout( );  //按照优化的布局形式重新布局制造资源
}
```

2.6 DHMS 系统的分布式决策过程及实现研究

DHMS 系统的任务分配及单元交互过程采用动态虚拟簇的形式，随着进入系统的任务/订单的变化，构成了动态的决策层次，随着任务的不断递归，完成任务/订单与相应资源的匹配。在这个过程中，各类 Holon 通过分布式协作规划活动为分布式决策中的相关问题制定相应的策略，并运用分布式问题求解方法解决与决策过程相关的算法、模型问题。主要问题包括订单优先权的确定、订单/任务的智能分解、基于 CNP 的分级协商策略、任务分配的演化算法等。通过对这些关键问题的求解，为 DHMS 系统提供适用于顾客需求的制造内外部环境。

2.6.1　DHMS 系统中任务的分布式决策过程

DHMS 系统中分布式决策策略的制订是一个基于协商机制的分布式复杂决策过程。不管决策的层次是在虚拟企业层、企业层还是车间层，决策的目的就是协调任务和资源，解决系统决策过程中的多目标约束问题，即在一定的约束条件下，将计划层的总体目标集层层分解为若干子目标集，最后映射到执行层选择原子资源。求解目标（任务）—约束（资源）满足问题，并对求解的结果进行协调，协调的内容包括任务目标协调和资源约束协调。因此，分布式问题求解就成为基于这种过程结构的一种重要问题求解方法，它主要包括任务分解、任务分配两方面的工作，而协商是实现任务分配的重要手段。这样，在 DHMS 系统中，生产计划与控制 Holarchy 制订生产计划的分布式决策过程就演变为：目标分解—子目标求解—协调的迭代求解过程，如图 2.13 所示。它主要包括优先权确定、任务分解、任务分配及协商。整个过程中涉及的主体如下：任务招标方，称为计划层的资源，如招标方的企业；任务投标方，称为执行层的资源，如投标方的企业。

2.6.2　订单/任务单元模型

在前面的章节中已经分析过，不同层次生产计划的决策过程都是处理资源与订单的匹配问题，凸显出一种暗含在生产系统中的需求与供应关系，对于订单信息，用框架结构的 BNF 形式描述如下：

<订单信息>::=<订单 ID><订单类别><订单属性><订单优先级>

<订单类别>::=<客户订单>|<外协订单>|<内部订单>|<采购订单>

<订单属性>::=<顾客属性><需求属性><供应属性><状态属性>

<顾客属性>::=<客户 ID><客户姓名><联系电话><联系方式><付款方式>

<需求属性>::=<订单名称><订单内容><数量><交货期><价格>

<供应属性>::=<资源 ID><资源名称><资源能力><地理位置><技术要求>

<状态属性>::=<正在执行订单>|<已经完成订单>|<已经发布订单>|<已经接收订单>|<正在洽谈订单>

<正在执行订单>::=<订单 ID><顾客 ID><资源 ID><产品 ID><合同接受日期><开工期><计划完工期><订单进度>

<已经完成订单>::=<订单 ID><顾客 ID><资源 ID><产品 ID><合同接受日期><开工期><完工期>

<已经发布订单>::=<订单标识><发布日期><订单内容><投标资源>

<已经接受订单>::=<订单 ID><顾客 ID><资源 ID><合同接受日期><开工期><计划完工期>

<正在洽谈订单>::=<订单 ID><顾客 ID><订单内容><候选资源><洽谈记录>

<订单优先级>::=<高>|<中>|<低>

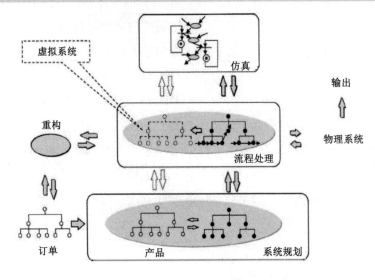

图 2.13　DHMS 系统中分布式决策过程

其中，顾客属性描述发出订单请求的客户信息，如客户 ID、客户姓名、联系方式等。一个顾客可以对应着多个订单，但是一个订单只能属于唯一的顾客。

需求属性描述了订单对定购的产品/零部件/物料等的一些要求，包括以下内容：①订单名称；②需求名称，是订单/任务定购的产品/零部件/材料等的名称；③数量，指订单/任务所需要的产品等的数量；④交货期，指订单/任务所需产品应该交货的时间；⑤价格，是订单定购产品/零部件/材料等的价格。

供应属性描述了与该任务相对应的资源属性，其中资源是随着订单/任务状态属性的不同而处于不同的角色，如正在洽谈的资源、已经开始执行任务的资源等。

状态属性描述了订单所处的不同状态：已发布、已完成、已接收、正在洽谈、正在执行等。

通过基本 Agent 系统实现的 DHMS 系统中的智能单元如图 2.14 所示。资源 Holon 的建模及单元模型同订单/任务单元的建模及模型单元。

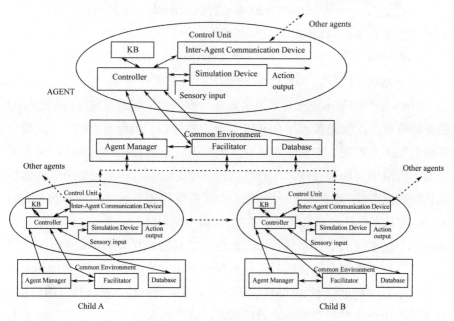

图 2.14　各 Holon 单元的 Agent 结构

2.6.3　单元 Holon 向 DHMS 系统的映射

在 DHMS 系统中，订单 Holon 主要负责提供整个生命周期中与分布式决策过程相关的信息，订单 Holon 到 DHMS 集成单元中的映射可以描述如下：

$$M = \{m_{RT-DOH} : RealTask \rightarrow DHMSOrdHolon\}$$

式中　RealTask——制造系统内外订单集合；

　　　　DHMSOrdHolon——DHMS 系统中订单 Holon 集合；

　　　　m_{RT-DOH}——从制造系统向 DHMS 系统中的映射规则。

$$m_1 = \{m_{DOH-OH} : M(DHMSOrdHolon) \rightarrow OrderHolarchy\}$$

式中　M(DHMSOrdHolon)——DHMSOrdHolon 的集合，由 DHMSOrdHolon 的子集组成；

　　　　OrderHolarchy——订单 Holon 的集合；

　　　　m_{DOH-OH}——从 DHMSOrdHolon 到 OrderHolarchy 的映射。

对订单 Holon，用框架表示法表示为：

$$SH = \{(S^1, S^2, S^3, \cdots, S^i) \mid i\text{是订单Holon在框架中的特征数}\}$$

$$S^i = \{(D^1, D^2, D^3, \cdots, D^j) \mid j\text{是特征中的关键索引}\}$$

MAS 模型的基本要求是系统单元必须提供关于制造系统（包括子系统）的足够信息，以保证其运行 DHMS 系统中的计划、调度及重构等。此模型要避免集中式控制，方便子系统独立地根据订单进行相互协商，同时在系统边界内组成新的项目簇。在系统结构重组的时候，子系统必须能够协作地执行离散事件。基于以上分析，每一个子系统均需要被构造为一个 Agent。Agent 与其直接的归属系统（父系统），自组织形成的子系统（子系统）及属于同一父系统的平行系统（兄弟系统）之间的相互关系均需进行统一建模，并且这个模型允许在实时运行过程中被动态地改变，特别是当约束关系放松以后。Agent 应当能够接收和发送从系统及其他 Agent 传送的信息，自主地作出是否参与竞标和协商的决定，这些均要在支持离散事件模拟和仿真的机制下进行。

在 DHMS 系统中，制造系统及其子系统被构造为一个 Agent，这些 Agent 系统的通用结构如图 2.14 所示，是由一个控制单元和一个通用的运行环境组成的。在这个环境中，子 Agent 可进行及时的注册。控制单元是由一个内部 Agent 的通信设备、一个知识库、一个模拟设备及控制器组成的。内部 Agent 的通信设备为 Agent 提供了通过知识查询操作语言与其他 Agent 通信的能力。知识库包含 Agent 的协作知识、问题解决的知识，被表示为决策准则的任务知识等。决策准则允许 Agent 执行其任务，如决定是否或如何为一个任务进行投标。例如，对一个子系统 Agent，规则表示的任务知识描述了 Agent 的任务和局部目标；问题解决知识说明了 Agent 如何完成其任务的具体步骤；协作知识则包含了协商及竞标的具体协议。控制器运用基于规则的前向链去决策并且将知识库中的知识表达的动作、数据库中的信息，以及从其他 Agents 接受来的信息集成起来，以此来实现 Agent 的推理、决策及控制机制。仿真设备提供了基于 Petri Net 的子系统离散事件仿真机制，可以和其他系统配置中的 Agent 共同创建一个完整的仿真模型，为其实现对重构系统的决策进行评估。通用环境由一个数据库、Agent 管理器和一个通信设备组成。数据库根据 Agent 的能力、工作载荷、当前状态及子系统之间的关系来维护 Agent 及其登记的子系统的信息；Agent 管理提供了创建、初始化、登记、退出及停止 Agents 的机制。由于所有 Agent 采用统一的结构，它们被统一映射为符合协议的一份副本，在实现过程中赋予特定的数据。Agent 可在初始化系统或动态重组时被静态地创建，子系统 Agent 一旦被创建，就将是独立的 Agent，它们可从父 Agent 系统中退出，或者重注册为另一个子 Agent。通信设备最初是一个黑板，为父系统和子系统之间的通信提供必要的设备。

在 Multi-Agent 结构中，使用上述 Agent 结构来构造整个制造系统，也就构成了所有递阶式子系统中的所有制造单元。在建模过程中，一旦相当于整个系统的 Agent 被构造出来，子系统就开始向相应的父系统进行注册。例如，在图 2.15（a）中，系统 Agent 表示的整个系统相当于一个工厂，一系列的车间 Agent（$S_1, S_2, \cdots, S_n$）在系统中被注册为子 Agent，每个车间 Agent 又有一系列的单元 Agent（$C_{11}, C_{12}, \cdots, C_{1n}$）被注册为子 Agent。同样，每一个单元 Agent 又有一系列的机器 Agent（$m_{111}, m_{112}, \cdots, m_{11n}$）被注册为其子 Agent。由于机器已经位于整个树形结构的最底层，所以机器 Agent 再无子 Agent 进行注册。系统的结构是通过注册过程而建立起来的父子关系，意味着这个结构可以通过 Agent 的注册和退出注册而动态地改变。物料流的约束是通过父系统数据库中的平行子 Agent 之间的关系来建模的。由于产品也是一个层次型的树形结构，有装配部分、部件和部件特征，所以一个产品订单，根据在产品层次树形结构中不同的操作和操作序列，也可被构造成与 DHMS 系统结构相似的树形结构。整个产品订单及其在层次结构中的操作/部件都被定义成了一个 Agent，这个树结构表示的是系统中的父子关系，以及平行 Agent 之间的操作序列及其优先级关系，如图 2.15（a）所示。不同的是，在制造系统中的一个 Agent，其局部目标是提出一个标书去参与产品订单的处理过程，而在产品订单中的 Agent 而言，其局部目标是从制造系统中选择一个成本有效的标书来满足特定的需求。这样，在 Multi-agent 运行环境中，将有一个 DHMS 所对应的 Agent 代表整个制造系统，一系列的 DHMS Holon 表示系统中的产品订单 Holon。在任一时刻，只要订单进入，一个订单 Holon 就被创建出来，当订单被处理之后，相应的订单 Holon 就被删除。计划和调度是在产品树中为每一个子订单寻找最优的操作分配方案，包括时间（工件将在何时被加工）和空间（工件由谁来加工）。重构问题是在当制造系统的边界和约束逐步移除的时候，寻找最优的分配方案的过程。

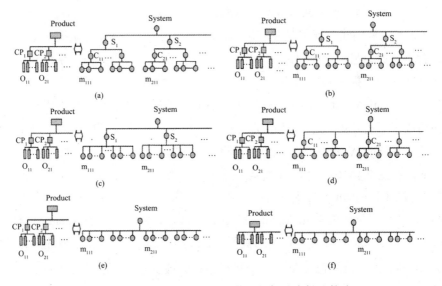

图 2.15　动态 Holon 网络结构及招标约束松弛策略

2.6.4　Holon/Agent 协调算法

制造系统中任务分配的主要问题是在给定的系统结构中（或者是对结构最小改变的条件下），针对每一个客户订单，寻找最优的决策路径和任务序列，以此来满足订单的最小成本且在到期时间之前完成订单任务。这包括最优的分配每一个层次化的产品订单到相应的层次化组织的系统中，这个过程中要考虑在给定的优先级条件下充分利用系统结构。例如，要加工一个部件，在考虑交叉利用其他单元资源之前，最好考虑在系统现有的单元中进行加工。这个问题需要考虑在 Agent 表示的系统中，产品订单通过 Agent 之间的协调交互，在 Holon/Agent 协调算法的控制下综合地进行考虑。算法通过一个简单系统的基本规划问题来加以阐述，进一步将通过复杂系统中的通用问题来说明。

基本问题：将包含 n 个操作（$O_1, O_2, \cdots, O_n$）的工件根据加工序列（如一个零件包含若干加工特征的订单）分配到包含 m 个资源 $r_j \in S(j = 1, 2, \cdots, m)$ 的车间单元 S 中，在其到期时间 D 之前以最小的成本被加工完成。对每一个操作 $O_i (i = 1, 2, \cdots, n)$，存在一个资源 $R_i \in S$ 的资源子集，从技术的角度来看，可以完成工件的所有操作。这个过程还要取决于之前的操作 O_{i-1} 是被哪一个资源进行加工的，一个资源 R_i 的子集，$RR_i \in R_i$，当被物料处理约束考虑的时候，也就意味着物料从之前的资源转移的问题，在这个过程中，也存在资源可能在加工序列中能够完成多个操作的可能。每个资源 r_j 都有一个包含 q_j 个未加工工件的缓冲区。工件需被在能执行连续操作的资源之间进行转移，所以对于操作 O_i，就有转移的到期时间 T_{ti} 和成本 C_{ti}，这两个值取决于执行当前和之前操作的资源。对于将要在某一资源上被加工的操作，有加工到期时间 T_{pi} 和加工成本 C_{pi}，同时还有安装时间 T_{si} 和安装成本 C_{si}，这两个成本也取决于在缓冲区中的前一工序。在这个过程中，还有一个等待时间 T_{wi} 和在资源上的持有成本 C_{wi}，这两个值取决于在缓冲区中本工件之前的工件数量和资源加工这些工件所需的时间。

如果一个加工序列的决策包含在缓冲区中为现有工件变换缓冲区中的位置，这将产生额外的成本，将被加入到现有工件中作为重调度的成本 C_{ri}。

因此，完成操作 O_i 将取决于备选的机器、最终确定的加工序列、到期时间及 O_i 所需要的运行成本，由下式计算：

$$T_i = T_{ti} + T_{pi} + T_{si} + T_{wi} \qquad (2.1)$$

$$C_i = C_{ti} + C_{pi} + C_{si} + C_{wi} + C_{ri} \qquad (2.2)$$

问题是寻找由哪一个资源最合适完成工件所需的操作，或者是寻找工件应当被置于缓冲区的位置，以此来使工件 D 满足最少的加工成本。

$$\min(C = \sum_{i=1}^{n} C_i)$$

$$T = \sum_{i=1}^{n} T_i \leqslant D \qquad (2.3)$$

在车间 Agent 中，有 m 个资源 Agent，产品 Agent 中有 n 个操作。这个问题中资源选择的最大组合数是 m^n，随着工件中操作数的增加而指数增长。开始时间的数值在理论上是确定的，取决于资源缓冲区中前驱工件的数量。通过给定的算法，工件加工的最优过程通过不断迭代的投标过程来获得。设定一组虚拟价格，对应工件的每一个操作；一组最小化的利润（需在每一次投标过程中来作出），对应于车间中的每一个资源，这些量化的值作为交互式竞标过程中的参数被引入 DHMS 系统中。这些参数对于个体资源的竞标及通过竞标迭代来得到较好的结果均有直接的影响。

竞标过程从产品 Agent 向车间 Agent 宣布竞标开始，根据得到的招标数据，车间 Agent 初始化其虚拟价格 $(P_1, P_2, \cdots, P_n)$，P_i 是操作 O_i 的虚拟价格，最小的虚拟利润是 $(F_{\min,1}, F_{\min,2}, \cdots, F_{\min,m})$，其中 $F_{\min,j}$ 是资源 r_j 的最小虚拟利润。之后开始为产品选择最优计划而进行不断的迭代，在每一步的迭代过程中，车间 Agent 宣布加工操作（$O_1, O_2, \cdots, O_n$），在任意时刻，每一个操作对应一个加工序列以供资源 Agents 进行竞标。对每一个操作 O_i，每一个合格的资源 $r_x \in RR_i$（从技术上有能力加工 O_i 并且意味着物料能从之前的操作 O_{i-1} 转移到 O_i）作出一系列的决策，设定一个投标项 $BO_{i,x,k}$（代表从资源 r_x 对操作 O_i 的第 k 个投标项）并计算其到期时间和操作成本，这将包含从子合同转移任务到物料处理设备的招标，这个成本将和虚拟价格 P_i 进行比较，就可得到参与此操作的虚拟利润：

$$F_{i,x,k} = P_i - C_{i,x,k} \tag{2.4}$$

式中，$F_{i,x,k}$ 是在资源 r_x 上加工竞标 $BO_{i,x,k}$ 操作 O_i 的虚拟利润；$C_{i,x,k}$ 是资源 r_x 上加工竞标 $BO_{i,x,k}$ 中操作 O_i 的加工成本。如果资源的虚拟利润大于事前制定设置的最小虚拟利润，即 $F_{i,x,k} \geqslant F_{\min,x}$，则资源 Agent 为操作 O_i 提交一个投标选项；否则，资源 Agent 将不再提交标书。以数学的形式来描述如下：

$$B_{i,l} = BO_{i,x,k} \quad T_i^{(l)} = T_{i,x,k} \quad C_i^{(l)} = C_{i,x,k} \quad \text{if} \quad F_{i,x,k} \geqslant F_{\min,x} \tag{2.5}$$

式中，$B_{i,l}$ 是操作 O_i 的第 l 个投标；$T_{i,x,k}$ 是资源 r_x 执行招标选项 $BO_{i,x,k}$ 中操作 O_i 的到期时间；$T_i^{(l)}$ 和 $C_i^{(l)}$ 分别是招标 $B_{i,l}$ 中执行操作 O_i 的到期时间及成本。每一个资源 Agent 将产生多于一个的投标，所以只要现有工件的到期时间和额外成本没有超过预定的值，资源 Agent 就会将工件置于不同的缓冲区中。车间 Agent 将针对操作 O_i 为符合条件资源的所有招标项进行投标，从中选出投标中具有最短到期时间的资源作为操作的获胜者。

$$B_i^{\text{win}} = B_{i,l}, \quad T_i^{\text{win}} = T_i^{(l)}, \quad C_i^{\text{win}} = C_i^{(l)} \quad \text{if} \quad T_i^{(l)} = \min(T_i^{(1)}, T_i^{(2)}, \cdots, T_i^{(L)}) \tag{2.6}$$

式中，B_i^{win} 是操作 O_i 的最终招标获胜者；T_i^{win} 及 C_i^{win} 分别是获胜投标的到期时间和相应的加工成本；L 是操作 O_i 投标的总数。一旦所有的操作（$O_1, O_2, \cdots, O_n$）都接收到标书，获胜的投标将为各个操作构造所有的工作计划，其中需要满足到期时间及成本的约束条件。

$$T = \sum_{i=1}^{n} T_i^{\text{win}} \quad C = \sum_{i=1}^{n} C_i^{\text{win}} \tag{2.7}$$

到期时间和成本是由特定功能的 Agent 进行评估的，如果到期时间未满足（$T > D$），或者成本不是最小的，分配给每一个操作的虚拟价格，以及分配给相应资源的最小虚拟利润将会在下一轮迭代中被调整以便获得较优的计划。一个从招标迭代过程中得到计划的到期时间和成本取决于设置的虚拟价格和最小虚拟利润。操作的虚拟价格越高，资源对操作的投标意愿就越强烈，以此来鼓励资源提交更多的标书，即使一些标书可能使资源承担高的成本，促使其更可能找到一个计划来满足到期时间。低的虚拟价格降低了资源对操作投标的吸引力，并且将使资源不再愿意为高成本的操作进行投标，又促使其更可能去寻找低成本的计划。同样，资源的高的最小虚拟利润将使资源不愿为操作进行投标，而低的最小虚拟利润鼓励资源对标书进行投标。这样，如果到期时间没有满足，操作的虚拟价格将会上升，同时最小虚拟利润的层次将会减少，这样在下一次迭代中，这将鼓励资源提交更多的标书。另一方面，如果到期时间满足了，虚拟价格将会降低，最小虚拟利润随之升高，这又将导致下一次迭代过程中高的投标成本，以此来得到一个较低成本的计划。这个迭代过程将在得到近优的满足到期时间和最小成本指标满足的条件下停止。协调的方法是受到了人类社会中经济模型的启发，社会是有个体和组织为在参与各种不同的经济活动时的目标而组成的。社会有全局的发展目标，为了达到这个预定的目标，个体和组织的行为将通过设置和调整税率、利息、规则和政策等进行统一的管理。在这个类比中，每个资源的局部目标是通过找到有利润的投标来赚取尽可能多的利润。车间的全局目标是得到满足订单到期时间且具有最小成本的投标集合来实现的，操作的虚拟价格和资源的最小利润充当着竞标过程的管理者，以便于父系统的总体目标及每一个资源 Agent 均能满足其各自的目标。问题是如何调整管理者以便系统可以在迭代过程中产生更优的计划。一些优化技术，如模拟退火、禁忌搜索等已经做了一些研究工作。图 2.16 所示是基于 PSO 算法的调整方法的流程图。

和其他演化算法类似，PSO 优化算法是通过代表潜在解及其适应度函数来对其解空间中的候选解进行评估的。优化的问题是寻找一组虚拟价格和最小的虚拟利润的集合，只要通过协调竞标过程，就可得到满足到期时间并具最小成本的工件计划。一个候选解由一个虚拟价格和最小虚拟利润的向量 $X = (P_1, P_2, \cdots, P_n, F_{\min,1}, F_{\min,2}, \cdots, F_{\min,n})$ 组成。目标函数是评价结果计划的目标函数值，如式（2.7）所示。问题的约束是计划的到期时间，式（2.7）中的时间也应当少于或等于到期时间。优化的过程始于对可行解 Y 的构造：

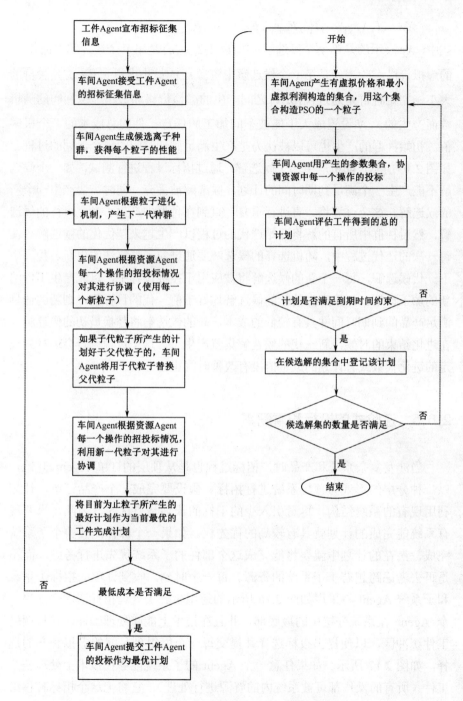

图 2.16　基于 PSO 算法的调整方法的流程图

$$Xy = (P_{y1}, P_{y2}, \cdots, P_{yn}, F_{\min, y1}, F_{\min, y2}, \cdots, F_{\min, ym}), y = 1, 2, \cdots, Y \qquad (2.8)$$

式中，Xy 表示的是第 y 个候选解；$P_{yi}(i = 1, 2, \cdots, n)$ 是第 y 个候选解中操作 O_i 的虚拟价格；$F_{\min}, yj$ 是第 y 个候选解中资源 r_j 的最小虚拟利润；Y 是种群的大小。初始种群是通过在 $[0, N]$ 之间产生的虚拟价格和最小虚拟利润的随机数而产生的。N 设置成大于能被车间加工的任意工件的总成本的一个极限值。初始种群的产生也可以被认为是产生满足到期时间的一个计划的过程。如图 2.16 所示，随机产生一个候选解，通过招标过程进行测试，如一个候选解不能产生一个满足到期时间的计划，候选解被丢弃，同时需要产生一个新的候选解。这个过程将一直进行重复，直到在种群中产生了 Y 个可行的候选解，然后种群中所有的解将开始迭代的过程以产生越来越优化的候选解。在每一次的迭代过程中，随机选择的候选解要通过粒子群算法的更新过程产生下一代候选解，每一个新的候选解将被应用于投标过程中，以此产生工件的新的加工计划。如果产生的新的候选解均好于前一代的目标值，则新的计划满足产品的到期时间并具有较低的成本，新的候选解将替换最初的候选解。在进化结束的时候，新一代的候选解集就产生了。这个过程一直会运行到设定的进化代数或者计划的成本值没有改善时终止。

2.6.5 递阶式的投标和重配置

当涉及复杂系统和产品时，招标过程也是从顶层的订单 Agent 开始，以一种分层的形式为顶层系统进行招标。假设要完成一个产品订单，计划利用现有的系统结构，尽量引入少的干扰的计划是首选的，因此，只要现有系统能完成的计划就具有较高的优先权。如果一个部件能被整个子系统完成，潜在的计划中就要将能完成这个部件的子系统优先进行考虑，而不是再去考虑跨越若干子系统的资源。每一个时刻，收到订单的招标子系统和子系统 Agent 将采用如图 2.16 所示的通用步骤去处理招标请求。如果一个 Agent 在系统分层树的最底部，并且在技术上能够处理工件，它将调度工件缓冲区，以便提出投标选择并提交每一个能得到足够的虚拟利润的选择，如图 2.17 所示。如果任意一个 Agent 的子系统能够在技术上处理整个工件（所有的操作都可被系统内的资源进行处理），它将把这个招标转移给那个子系统，促使其在竞争中进行投标。

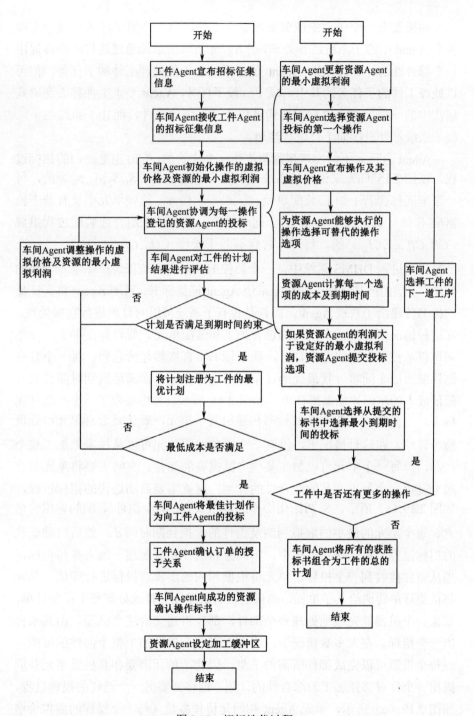

图 2.17　招标迭代过程

如果没有一个子系统能够处理整个工件，但工件的子任务可被一个或多个 Agent 中的子系统进行处理，则 Agent 协调子系统通过迭代的招标提出一个综合性的计划；如果 Agent 的子系统仍不能处理工件的子任务，但可以处理工件的子任务的其中一项下一级子任务，Agent 要求工件移去递阶式层次中的一层，这个过程需要通过停止子系统的部件，而让子系统的下一级子系统部件直接向工件进行注册。

Agent 自顶向下的实现步骤将产生一个递阶的，有时也是递归的招标过程，以图 2.15（a）来说明。系统是由若干车间组成（$S_1, S_2, \cdots, S_n$）的，每一个车间包含若干加工/装配单元 $(C_{11}, C_{12}, \cdots, C_{1n})$，这些单元中又有若干机器/工作站（$m_{111}, m_{112}, \cdots, m_{11n}$）。通常的产品是由若干组件或装配过程组成（$CP_1, CP_2, \cdots, CP_n$）的，每一个包含有若干操作（$O_{11}, O_{12}, \cdots, O_{1n}$）。当一个产品订单进入 DHMS 系统中，一个监控 Holon 向系统报告产生了一个新的订单。上层的产品 Agent 开始向系统 Agent 征集标书。系统 Agent 将其征集的标书传递给子系统 Agent，检查是否有子系统可以对订单进行直接处理。在这种情况下，每一个车间都包含加工和装配单元。假设存在多于一个车间可以从技术上完成整个订单，征集标书将直接传递给它们。每一个具有这样能力的车间将寻找最优的订单标书进行竞标，而满足到期时间且具有最低成本的车间才能赢得订单，如图 2.18 所示。考虑接收了一个产品征集标书，一个车间（S_1）将其标书传递给其子单元，确认是否有单元可处理整个订单。在这种情况下，没有一个单独的的单元可以从技术上加工整个产品，但每一个单元可以加工某些产品需要的部件。车间需要将单元集合起来提出一个加工产品的综合性的计划，这就需要启动迭代的招标过程，如图 2.19（a）所示，S_1 初始化协作的各个参数，每个组件/装配的虚拟价格 P、每个单元的最小的虚拟利润及组件的虚拟到期时间 d，然后启动迭代的招标过程。每一迭代过程中，车间宣布组件和装配逐一地去参与竞标，当从组件接收到一个投标，单元将根据相同的步骤对投标进行评估。单元将征集订单传递给其子单元，确认是否有机器能完整地处理整个征集订单，如果一个机器能完整地处理整个部件，部件将递交给这个机器，由其来提出一个招标。在大多数情况下，不存在有一个机器加工整个部件的可能，但每个机器可以完成部件所需的子集，因此，单元需要和其机器单元共同提出一个针对部件加工的综合性的计划。这将需要另一个迭代的投标过程，如图 2.19（c）所示，单元 Agent 初始化协作参数（每一个操作的虚拟价格和每台机器的最小初始利润），在参与招标的机器中启动另一个招标过程，一个递归的招标过程就产生了，其中外部的迭代过程需要在内部的所有迭代过程完成后才能开始。

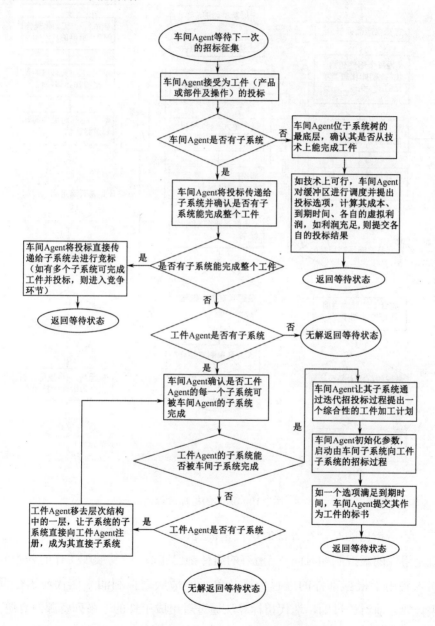

图 2.18　系统结构中 Agent 评估标书的通用步骤

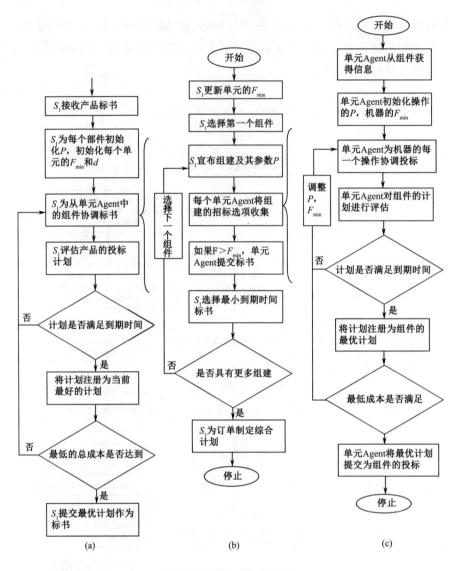

图 2.19　递归的招标过程

还需指出的是，在外部的迭代招标过程中，一个额外的协调参数，也就是组件的虚拟到期时间（当所有的组件都已完成，等待装配工作的开始），引入到用于根据部件的虚拟价格及单元的最低虚拟利润来迭代地进行调整。如之前讨论过的，迭代招标算法通过对组成工件的一系列资源的协调，保证使整个工件的到期时间和资源的最低成本都满足条件。对于外层的循环，工件就是产品订单，并且到期时间是已知的。然而，对于内层循环，工件就是产品的部件，因此，到期时间是未知的，这取决于装配过程的调度。通过引入了组件的虚拟到期时间，将其作为外层迭代循环的一个可调变量，到期时间的约束就在内层循环的投标过程中被确定下来。在外层的每一步迭代中，单元通过内部的迭代过程提出它们的最优标书，约束条件同样是到期时间和最小化的虚拟利润，这些都需要在迭代过程中被车间确定下来。车间管理通过迭代发现，由单元提供的、满足不同约束条件并通过单元的最佳配置可得到一个满足全局的计划。

当招标过程无法为订单产生满意计划时，系统的约束条件就需逐步被放松，招标过程需继续进行重复，允许去寻找一个可替代的解决方案。条件逐步被放松，以便于优先权赋给为当前系统带来最小扰动的解决方案。这个过程仍通过图 2.15（a）解释。第一步是放松单元中的物料处理约束，使可替代的路径可以通过柔性的物料转移来进行，如图 2.15（b）所示，其中的连接机器的实线约束被移除。这可通过让机器 Agent 忽略材料的移动约束来获得。之前，当单元中的机器向操作 O_i 竞标时，仅有既符合技术能力要求又符合从参与前一操作材料转移链接的单元才能参与。伴随着约束条件的放松，所有的具有能力的机器（$r_x \in R_i$）都可以参加。如果仍不能为订单制订一个符合条件的计划，那么可将每一个车间单元的边界去掉，这样在车间中的所有机器就可以以最大的柔性被系统使用。这个过程通过将单元 Agent 注销，并且让每一个机器 Agent 重新向车间 Agent 进行直接注册而成为其直接的子系统 Agent，如图 2.15（c）所示。如果新一轮的招标过程仍然不能得到一个满足条件的计划，则直接将车间的边界移去，以便使不同车间的单元可以在系统中被灵活地使用。这个步骤通过将车间 Agent 注销，让单元 Agent 直接向系统进行注册，如图 2.15（d）所示。如果满足条件的计划还没有得到，系统中单元之间的边界将继续放松，这样系统将变成一个完全的分布式结构（一个平的工厂），资源可被随时使用，如图 2.15（e）所示。在这种情况下，产品 Agent 将通知系统 Agent 移去分层次中的一层，通过为产品所需的所有操作直接向产品 Agent 进行注册来得到，这样分层次的招投标过程变成了典型的分布式过程，如图 2.15（f）所示。

2.7　重构选项的识别、模拟及评估

考虑重构的时间：重构是由重构 Agent 来协调的，在一定的时间段内保持着由系统进行加工的产品订单，同时还有在竞标过程中为订单产生的最佳加工路径。当一个新的订单被加工完成，重组 Agent 分析订单阶段的所有订单，并且寻找用于包含结构约束松弛过程中可替换的重组产品部件的比例。在当前的实现中，考虑在产品树结构中最低层次的部件，将基本组件作为分析的基础。如果从一个单元中基本组件使用的资源来说，它将被认为是在系统结构中被处理的基本单元。否则，如果资源是从多余一个单元中被使用的，则认为组件是已在系统的外部结构中被使用过了。当被外部组件使用过的基本组件达到用户设定的一个水平时，就需要考虑结构的重组了。

2.7.1　通用配置的识别

重配置的 Agent 首先需要识别由基本组件使用的加工路径，以及在加工过程中使用这样路径的频率。例如，路径 M2—M5—M6、M5—M6 和 M2—M5 说明了一个通用的路径 M2—M5—M6，以及当这些路径代表通用路径的使用频率时的总时间。通用的路径被设置在一个排序的列表中，从高频率到低频率。这个列表被输入到成簇算法中，这样来帮助识别由路径共享的资源组。例如，在基本的系统配置中，两个方法被用于成簇算法，一个是基于随机算法，被称为期望最大化算法，另一个是自组织特征映射方法。期望最大化算法主要是条件概率中的 Bayes 规则，在给定的假设 H 条件下，事件 E 支持这个假设，则在给定的条件下假设发生的概率为

$$\Pr[H \mid E] = \frac{\Pr[E \mid H] \cdot \Pr[H]}{\Pr[E]} \tag{2.9}$$

式中，$\Pr[E|H]$ 是在给定的假设正确的情况下，事件 E 发生的概率；$\Pr[E]$ 是事件无条件发生的概率；$\Pr[H]$ 是如果事件 E 没有被提供的情况下，假设是正确的先验概率。给定一个车间，有 m 个资源 $r_j(j=1,2,\cdots,m)$，以使用频率为 F_k 的 K 个加工路径 $RT_k \in RT(k=1,2,\cdots,K)$，资源 r_j 属于簇 $CL_i(i=1,2,\cdots,n,$ 假设有 n 个资源簇)，由 K 个加工过程中资源 r_j 出现而提供的事件如下

$$\Pr[r_j - CL_i \mid RT - r_j] = \frac{\Pr[RT - r_j \mid r_j - CL_i] \cdot \Pr[r_j - CL_i]}{\Pr[RT - r_j]} \qquad (2.10)$$

式中，$\Pr[r_j - CL_i \mid RT - r_j]$ 是 r_j 属于簇 CL_i 的条件概率；$\Pr[r_j - CL_i]$ 是相应的先验概率；$\Pr[RT - r_j \mid r_j - CL_i]$ 是给定 r_j 属于簇 CL_i 后事件发生的概率；$\Pr[RT - r_j]$ 是事件发生的无条件概率。给定加工路径和一些概率值 $\Pr_{ji}(j=1,2,\cdots,m;\ i=1,2,\cdots,n)$，则 $\Pr[r_j - CL_i \mid RT - r_j]$，$\Pr[RT - r_j \mid r_j - CL_i]$ 将可通过下式进行估计

$$\Pr[RT - r_j \mid r_j - CL_i] = \prod_{k=1}^{K} \left(\frac{\sum\limits_{l=1}^{m} \Pr_{li} X_{kl}}{\sum\limits_{l=1}^{m} \Pr_{li}} \right)^{F_k} \qquad (2.11)$$

式中，如果 r_j 和 r_l 均包含在 RT_k 或均不在 RT_k 中，则 $X_{kl}=1$，$\Pr[r_j - CL_i]$ 将可通过下式被估计出来：

$$\Pr[r_j - CL_i] = \frac{\sum\limits_{l=1}^{m} \Pr_{li}}{\sum\limits_{l=1}^{m} \sum\limits_{i=1}^{n} \Pr_{li}} \qquad (2.12)$$

利用式（2.11）和式（2.12）的结果，一个为 $\Pr[r_j - CL_i \mid RT - r_j]$ 的新值将通过式（2.10）被计算出来。结果值需进行归一化处理以确保每个资源跨所有资源簇的概率为 1，归一化的形式为

$$\Pr[r_j - CL_i \mid RT - r_j]^{(norm)} = \frac{\Pr[r_j - CL_i \mid RT - r_j]}{\sum\limits_{i=1}^{n} \Pr[r_j - CL_i \mid RT - r_j]} \qquad (2.13)$$

代入式（2.10）到式（2.13）中，则得到如下估计值：

$$\Pr[r_j - CL_i \,|\, RT - r_j]^{(\mathrm{norm})} = \frac{\Pr[RT - r_j \,|\, r_j - CL_i] \cdot \Pr[r_j - CL_i]}{\sum\limits_{i=1}^{n}(\Pr[RT - r_j \,|\, r_j - CL_i] \cdot \Pr[r_j - CL_i])} \qquad (2.14)$$

这样，可以由不断迭代的估计过程得到成簇，某一资源属于资源簇的初始条件概率设置为在[0，1]的一个随机值，满足这个资源在所有的资源簇中概率的总和为 1。这个概率又可用于通过使用式（2.11）和式（2.12）来估计 $\Pr[RT - r_j \,|\, r_j - CL_i]$ 和 $\Pr[r_j - CL_i]$，得到的结果又可在下一次的迭代过程中用于为资源估计一套新的概率。这个过程将会一直持续，直到资源概率的总和被总的资源数相除之后的值在两代之间几乎没有变化为止。一个机器将属于概率最高的资源簇。配置的结果在这个阶段需要图示化地显示出来，这个过程是基于资源是否满足用户设定的单元数及每个单元中的资源数的上下限来决定的。根据为每一个保持配置中的单元的线性分析来确定通用流程序列以及物料流的安排。对每一个单元，最常使用的流程序列将被作为主要的流程，同样也可通过较少使用的滑移线作为补充，这样就得到了网络流图（图 2.20），经过这个过程的配置也需要根据基本组件在系统结构外被处理的比例进行检验。如果比例低于用户指定的值，这个重组结果将保持并作为下一步处理的配置。

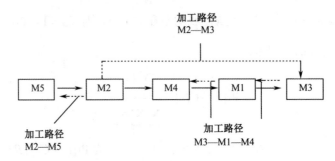

图 2.20 加工网络流程

2.7.2 离散事件的模拟及评估

下一步将对作为重组选项的配置进行比较，同时根据仿真的结果，与当前配置进行比较，来得到将来的订单的预测结果。一个虚拟系统将通过每一个重组的 Agent 进行创建。将对两种情况进行仿真，一种是在 Agent 控制之下的情况（Agent 的招投标被用于控制产品），另一种是没有 Agent 控制的情况下（单元直接位于它们最初设计的单元中）。从结果中分析可知，成本收益的分析需要实现以检测重组过程中收益是否高于已涉及的成本为标准。

基于 Agent 的离散事件仿真：一个动态集成的离散事件仿真方法被应用到仿真环境中，其中仿真模型被自动创建出来，通过 Agent 的仿真以分布式的形式来实现。

2.7.3　系统层次结构

车间调度系统可分为如下三层：

（1）运行层。

（2）系统支撑层。

（3）基础设施层。

在 JADE 平台下其系统模型如图 2.21 所示。

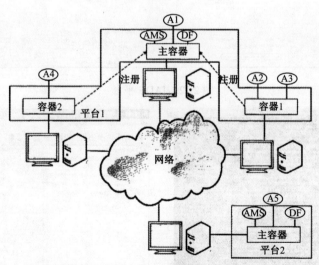

图 2.21　基于 JADE 平台的车间调度系统体系结构模型

2.8 车间调度系统的实现

以资源 Agent 中某一 Agent 的任务招投标过程为例说明上述过程,将智能优化算法嵌入至 JADE 平台中, 如图 2.22 所示。开发过程中将 JADE 软件所包含的基本 jar 库导入到相应的 Java 项目下,这样每次运行时首先启动 JADE 平台, 同时自动运行 RMA。然后, 运行各个 Agent 进行相关操作, 其启动界面如图 2.23 所示。

图 2.22 JADE 平台

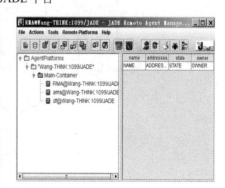

图 2.23 JADE 系统启动界面

JADE 平台上开发的 Agent，运行和相互交互之前必须在 Agent 管理系统上注册。注册后，由远程监控 Agent（RMA）实时管理。本书在仿真时设计了一个产品 Agent 和三个单元协调 Agent 之间的协商过程，Agent 的工作界面如图 2.24 所示。

本书所涉及的协商机制遵循 FIPA 规范，包括招标者和投标者之间的四个基本交互过程，即招标者招标、投标者投标或拒绝、招标者发布中标或拒绝中标信息，以及中标者确认反馈。仿真过程中，AMS 和 RMA 先进行通信，确认 JADE 系统主容器已经启动，如图 2.25 所示。招标 Agent1 向系统主容器注册，加入 JADE 系统中，注册参数及通过 ACL 语言向地址服务容器交互界面如图 2.26 和图 2.27 所示。

仿真实例中，管理 Agent（SuA）向三个单元协调 Agent 实例发送投标请求，同时唤起 df 管理器，它在规定时间内等待各单元协调 Agent 的投标响应。一接收到请求，各单元协调 Agent 就对该请求进行评估并决定投标或拒绝投标。根据各个单元 Agent 的投标目标不同，单元 Agent 的评估方法也不同。

图 2.24　制造设备 Agent 工作界面

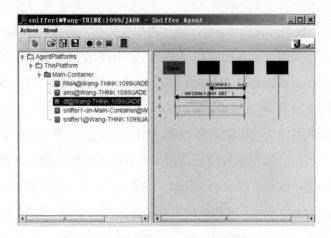

图 2.25　主容器启动界面

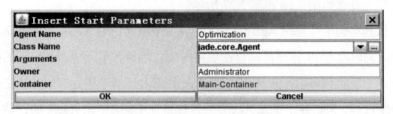

图 2.26　招标 Agent 的基本参数

图 2.27　Agent1 向 DF 注册信息

例如,当单元协调 Agent 计算得到的交货期能满足产品 Agent 招标的规定交货期并有一定的潜在加工利润时就投标。假设根据评估结果,最终有两个单元协调 Agent 接受投标,另一个拒绝投标,投标结果就在产品 Agent 等待时间结束后自动反馈到 bidding handler 管理器中,产品 Agent 根据收到的投标决定选择的单元协调 Agent 并询问系统优化 Agent,系统优化 Agent 将结果反馈给产品 Agent,最终确定负责产品 Agent 的生产任务加工。

Agent1 的招标发起过程如图 2.28 所示,Agent1 向 Agent2 发起标书过程如图 2.29 所示,监督 Agent 提取系统在线状态如图 2.30 所示,在 Sniffer Agent 界面中 Agent 通信过程如图 2.31 所示,主容器中信息交互过程及内容如图 2.32 所示。在 Sniffer Agent 中 Agent 的招投标交互过程如图 2.33 所示。最后的决策结果如图 2.34 所示。

图 2.28　Agent1 的招标发起过程

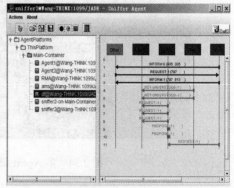

图 2.29　Agent1 向 Agent2 发起标书过程

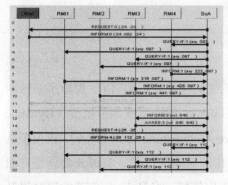

图 2.30　监督 Agent 提取系统在线状态

图 2.31　Sniffer Agent 界面中 Agent 通信过程

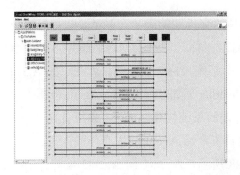 

图 2.32 招标交互过程   图 2.33 多 Agent 招标交互过程

```
C:\Windows\system32\cmd.exe
RMI2 successfully cooperate with agent RMI4
RMI1 Send message to centerAgent
RMI4 Send message to centerAgent
RMI2 Send message to centerAgent
RMI3 Send message to centerAgent
RMI4 Send message to centerAgent
RMI3 Send message to centerAgent
RMI2 Send message to centerAgent
RMI1 Send message to centerAgent
RMI-agent RMI4@Wang-THINK:1099/JADE terminating.
RMI1 Send message to centerAgent
RMI2 Send message to centerAgent
RMI3 Send message to centerAgent
Agent RMI3@Wang-THINK:1099/JADE interrupted while waiting
RMI3@Wang-THINK:1099/JADE terminating.
RMI1 Send message to centerAgent
RMI2 Send message to centerAgent
Agent RMI1@Wang-THINK:1099/JADE interrupted while waiting
RMI-agent RMI1@Wang-THINK:1099/JADE terminating.
RMI2 Send message to centerAgent
```

图 2.34 多 Agent 最后的决策结果

2.9 小结

本章通过企业业务流程及 HMS 系统的深入分析和研究，提出了一种新的 Holonic 制造系统模型——动态 Holonic 制造系统参考模型（Dynamic Holonic Manufacturing System Reference Architecture，DHMSRA），该模型从整个制造系统价值链，以及企业级运作的对象、过程、资源及信息等方面进行建模，为 Holon 体系开发了新的应用领域，将 Holonic 制造的研究提升到了一个新的高度；同时也拓展了企业业务流程的范畴，使企业间业务的战略考虑与具体的操作层实施结合起来。在车间调度系统关键技术研究的框架及算法的基础上，结合近年来发展起来的 MAS 技术，对车间调度系统体系结构进行映射，然后利用 MAS 系统的实现平台 JADE 对车间调度系统中 Agent 的建模、交互、通信进行了研究与验证，构建了一个基于 JADE 平台的车间调度系统体系结构模型，并对其中 Agent 的建模及 CAGA 算法进行实现。本仿真系统具有面向 Agent 实体设计的模块化、内嵌算法的可重用性和开放性等特点，为进一步深化开发和扩展应用打下了基础。

第 3 章

混合流水车间调度模型
及其仿真计算方法

· · · · · · · ·

    在传统的调度问题研究中，往往假设机器不会发生故障。但在实际系统中，常会发生机器故障暂停生产的情况。此时，就需要技术人员对机器进行维修处理以致延误生产，降低生产效率。在生产系统的设计和运行中，制造系统模型的性能分析和评估对系统稳定运行起着非常重要的作用，因此，在生产系统的性能评估中，寻求新的数学分析方法对系统运行状态。

    制造单元是一类典型的生产制造系统，又称 MC 生产系统。它一般由一个加工中心和几台并行的加工机器组成，每台机器前都有一个无限缓冲区，如图 3.1 所示。原工件经过原料供应站，进入加工中心（Machining Center，MC）被加工成 m 种不同类型的工件。假设原工件在 MC 被加工成 j 类型，该道工序完成之后，j 类型工件进入操作台 j 进行下一步的加工工序。同时，MC 开始加工下一个工件，工件在此的加工类型与之前的工件类型可能相同，也可能不同。这类生产系统最初由 Seidmann 和 Schweitzer 于 1984 年提出，文献中以操作台单位时间内的最小缺额罚款为目标函数，通过调节工件在 MC 中的加工工序来实现。Seidmann 和 Tenenbaum 于 1994 年研究了这类生产系统的最大吞吐量问题。J. T. Chen 提出循环规则下 MC 生产系统的排队模型。文献中采用矩阵几何法计算出排队模型的稳态概率。TienVan

Do 采用带有一个消极顾客的排队系统分析了循环规则下此类生产系统，并在文献[84]基础上采用嵌入马尔可夫链的方法求解模型的稳态概率。在他们的研究模型中，均把车间调度看作半马尔可夫决策过程并使用数值迭代算法寻找最优次序。对于这类系统采用的排队模型，多为带有负顾客的排队系统，详见文献[85-87]。

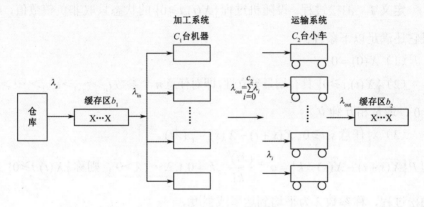

图 3.1　混合流水车间调度流程图

在 MC 生产系统中，缓冲区的拥堵对系统的吞吐量影响极大，而拥堵一般发生在 MC 加工完一个工件时。尽管 MC 提供下游操作台的所有资源，但堵塞仍然不可避免；为此，生产者希望通过增加缓冲区的容量减少堵塞发生的概率。很多学者在研究此类问题时，缓冲容量往往视作是无限的。但在实际生产中，缓冲区的容量是有限的，而且操作台内的机器也会发生故障。如何控制工件载入量，避免缓冲区发生堵塞，并且考虑到机器故障问题，这时就要采用可修排队系统进行分析。采用排队论分析车间调度问题时，产品的交付周期等于产品的排队等待时间与加工处理时间之和，也就是产品在生产系统内的逗留时间。虽然国内外不少学者将排队论用于解决生产调度问题，但多用于算法的优化且很少考虑机器的故障问题。本书将采用可修排队系统对存在故障的、缓冲有限的此类生产系统进行分析，由于其性能求解的复杂性，还无法用于求解该系统的最优次序。因此，本书只是给出模型的各性能指标的求解过程，并在此基础上通过数值例子给出各参数对性能指标的影响。

3.1 并行机调度模型

3.1.1 基本定义

定义 1 泊松过程。设随机过程 $\{X(t),t \geq 0\}$ 的状态只取非负整数值，如果它还满足以下条件：

（1）$X(0)=0$。

（2）$\{X(t),t \geq 0\}$ 具有增量独立性，即对任意 n 个参数 $t_n > t_{n-1} > t_{n-2} > \cdots > t_1 \geq 0$，增量相互独立。

（3）对任意 $s,t \geq 0$，$X(s+t)-X(s) \sim p(\lambda t)$。

即 $P\{X(s+t)-X(s)=k\} = \mathrm{e}^{-\lambda t} \dfrac{(\lambda t)^k}{k!}$，$k=0,1,2,\cdots$；$\lambda > 0$，则称 $\{X(t),t \geq 0\}$ 为泊松过程，称参数 λ 为平均到达率或强度。

定义 2 马尔可夫（Markov）过程。这一过程的特点如下：当过程在时刻 t_0 所处的状态为已知时，t_0 以后过程所处的状态与 t_0 以前过程所处状态无关。这个特性称为无后效应，又称马尔可夫性。设 $\{X(t),t \in T\}$ 为一随机过程，$t_i \in T,i=1,2,\cdots,n$ 且 $t_1 < t_2 < \cdots < t_n$。如果对状态空间 t_0 中的任意状态 $x_1,x_2,\cdots,x_{n-1}$，$X(t_n)$ 的条件分布函数满足

$$P\{X(t_n) < x | X(t_{n-1})=x_{n-1},X(t_{n-2})=x_{n-2},\cdots;X(t_1)=x_1\} = P\{X(t_n) < x | X(t_{n-1})=x_{n-1}\},x \in R$$

则称 $\{X(t),t \in T\}$ 具有无后效应性或马尔可夫性，并称 $\{X(t),t \in T\}$ 为马尔可夫过程，简称马氏过程。

定义 3 生灭过程。已给齐次马尔可夫链 $X=\{X(t),t \in T=[0,+\infty)\}$，其状态空间为 $E=\{0,1,2,\cdots\}$，如果它的密度矩阵 $\boldsymbol{Q}$ 为

$$\boldsymbol{Q} = \begin{bmatrix} -\lambda_0 & \lambda_0 & & & \\ \mu_1 & -(\mu_1+\lambda_1) & \lambda_1 & & \\ & \mu_2 & -(\mu_2+\lambda_2) & \lambda_2 & \\ & & \mu_3 & -(\mu_3+\lambda_3) & \lambda_3 & \cdots \\ & & & \vdots & \vdots & \vdots \end{bmatrix}$$

则称 X 为一个生灭过程。

生灭过程的转移概率函数 $p_{ij}(t)$ 具有下述性质：$\forall i \in E$ 及充分小的 $t > 0$ 有

$$\begin{cases} p_{i,i+1}(t) = \lambda_i t + o(t) & (\lambda_i > 0) & i \geqslant 0 \\ p_{i,i-1}(t) = \mu_i t + o(t) & (\mu_i > 0, \mu_0 = 0) & i \geqslant 1 \\ p_{ii}(t) = 1 - (\lambda_i + \mu_i)t + o(t) & & i \geqslant 0 \\ p_{ij}(t) = o(t) & & |i-j| \geqslant 2 \end{cases}$$

车间调度中，如果将每个工件看做相互独立的，当前工件的加工状态与之前工件的加工状态无关，即具有无后效应性。因此，工件的加工过程可以用马尔可夫过程来描述，本书中的调度模型就可以用马尔可夫排队系统来分析。

3.1.2 模型描述

模型中第一道工序中的机器（Machine）作为加工系统，运输小车（Transport）作为运输系统，以此建立其排队模型。假设：

（1）加工系统中有 C_1 台机器，各机器的服务时间相互独立且均服从参数 μ_S 的负指数分布。工件从仓库以 λ_S 的出库流进入生产系统，首先进入加工系统的缓冲区 b_1，工件到达缓冲区后以 λ_{in} 的泊松流到达缓冲区内的队列排队等待加工。工件到达时若有空闲机器，则立即获得服务；若无空闲机器，则进入队列排队等待，并服从先到先服务的服务规则（First Come First Server，FCFS）。

（2）两道工序之间的运输系统是由 C_2 台运输小车组成，运输小车服务时间独立，且服从参数为 μ_T 的负指数分布。工件加工完毕后以 λ_{out} 的泊松流离开加工系统，进入运输系统等待小车运输。

（3）设第二道加工工序中机器前的缓冲区为 b_2。因本书主要考虑工件在第一道加工工序完成之后能否在最短的时间内顺利到达缓冲区 b_2，即能否在规定的时间内到达第二道加工工序的机器，故对第二道加工工序的机器台数及服务时间分布可不作说明。

由排队论知识可知，加工系统为 $M/M/C_1$ 系统，运输系统为 C_2 个

$M/M/1$ 系统。工件调度流程如图 3.1 所示。

3.1.3 模型假设条件

本书对模型提出了以下假设条件：

（1）工件的到达过程看做泊松过程。

（2）工件到达缓冲区后依照先到先服务（FCFS）排队规则排队等待加工。

（3）各工件之间是相互独立的，每台机器也是相互独立的。

（4）该系统只有两个生产阶段并且仅生产一种产品，第一阶段由多台机器组成，第二阶段由运输小车组成。

（5）工件在一台机器上加工完毕之后才可离开，不考虑机器故障及小车故障。

（6）模型中的缓冲区容量为无限大，不存在堵塞现象。

在调度模型的加工系统中仅设置了一个缓冲区。下面对此进行分析，证明设立一个缓冲区比每台机器前都设立一个缓冲区的优势所在。

3.2 模型稳定性证明

本节讨论的是多台机器并行同时加工一类工件的模型，该模型中的生产系统用 $M/M/n$ 排队系统分析。模型中工件仅需一道加工工序，每台机器的操作相同，工件按参数为 λ 的泊松流到达缓冲区。如果系统中有机器空闲，则立即接受服务即开始加工，如果各机器均忙，则在缓冲区内排队等待。一旦有工件加工完毕离开系统，排队等待加工的工件按照先到先服务的规则接受服务。各机器的服务时间是相互独立的，且服从参数为 μ 的负指数分布。

如果设 $M/M/n$ 系统的输入过程 $\{N(t), t \geq 0\}$ 是参数为 λ 的泊松过程，

即到达间隔时间序列 $\{J_k, k \geqslant 0\}$ 为 $i.i.d$（独立同分布）随机变量序列，且 $J_1 \sim \Gamma(1, \lambda)$。生产系统有 n（$n \geqslant 1$）台机器，每台机器独立工作，且具有相同分布的服务时间 $B, B \sim \Gamma(1, \mu)$，即机器的服务时间序列 $\{B_k, k \geqslant 1\}$ 为 $i.i.d$ 随机变量序列，且 $B_1 \sim \Gamma(1, \mu)$。并设 $\{B_k, k \geqslant 1\}$ 与 $\{J_k, k \geqslant 1\}$ 独立。下面证明该过程为生灭过程，并证明该生灭过程存在平稳分布。

设 $X(t)$ 表示时间 t 时刻系统中的工件数（包括正在加工处理的工件数），即 $\{X(t), t \geqslant 0\}$ 为系统的状态过程。设

$$\{t < X_k < t + \Delta t\}$$

表示该加工系统有 k 台机器在时间间隔 $(t, t + \Delta t)$ 内结束任务 $(0 \leqslant k \leqslant n)$。因为一台机器在时刻 t 正在服务，经 Δt 时间后，它没有完成任务的概率为

$$P\{B > t + \Delta t \mid B > t\} = P\{B > \Delta t\} = \mathrm{e}^{-\mu \Delta t} = 1 - \mu \Delta t + o(\Delta t)$$

又因 $\{N(t + \Delta t) - N(t) = n\}$ 与 $\{X(t) = i\}$ 独立，所以，有

$$\begin{aligned}
p_{i,i+1}(\Delta t) &\equiv P\{X(t + \Delta t) = i + 1 \mid X(t) = i\} \\
&= \sum_{k=0}^{\min(i,n)} P\{t < X_k < t + \Delta t, N(t + \Delta t) - N(t) = k + 1 \mid X(t) = i\} \\
&= P\{t < X_0 < t + \Delta t, N(t + \Delta t) - N(t) = 1 \mid X(t) = i\} + o(\Delta t) \\
&= P\{t < X_0 < t + \Delta t \mid X(t) = i\} P\{N(t + \Delta t) - N(t) = 1\} + o(\Delta t) \\
&= (\mathrm{e}^{-\mu \Delta t})^{\min(i,n)} \lambda \Delta t \mathrm{e}^{-\lambda \Delta t} + o(\Delta t) \\
&= \lambda \Delta t + o(\Delta t), i \geqslant 0
\end{aligned}$$

$$\begin{aligned}
p_{i,i-1}(\Delta t) &\equiv P\{X(t + \Delta t) = i - 1 \mid X(t) = i\} \\
&= \sum_{k=0}^{\min(i,n)} P\{t < X_k < t + \Delta t, N(t + \Delta t) - N(t) = k - 1 \mid X(t) = i\} \\
&= P\{t < X_1 < t + \Delta t, N(t + \Delta t) - N(t) = 1 \mid X(t) = i\} + \\
&\quad\ P\{t < X_2 < t + \Delta t, N(t + \Delta t) - N(t) = 1 \mid X(t) = i\} + o(\Delta t) \\
&= C_{\min(i,n)}^1 (1 - \mathrm{e}^{-\mu \Delta t})(\mathrm{e}^{-\mu \Delta t})^{\min(i,n)-1} \mathrm{e}^{-\lambda \Delta t} + \\
&\quad\ C_{\min(i,n)}^2 (1 - \mathrm{e}^{-\mu \Delta t})^2 (\mathrm{e}^{-\mu \Delta t})^{\min(i,n)-2} \lambda \Delta t \mathrm{e}^{-\lambda \Delta t} + o(\Delta t) \\
&= \min(i,n) \mu \Delta t + o(\Delta t) \\
&= \begin{cases} i \mu \Delta t + o(\Delta t), i = 1, 2, \cdots, n-1 \\ n \mu \Delta t + o(\Delta t), i = n, n+1, \cdots \end{cases}
\end{aligned}$$

同理

$$p_{ij}(\Delta t) \equiv P\{X(t+\Delta t)=j \mid X(t)=i\} = o(\Delta t), |j-i| \geqslant 2 ,$$

所以

$$p_{ii}(\Delta t) \equiv P\{X(t+\Delta t)=i \mid X(t)=i\} = 1 - \lambda \Delta t - \mu_i \Delta t + o(\Delta t)$$

式中，$\mu_i = \begin{cases} i\mu, i=1,2,\cdots,n-1 \\ n\mu, i=n,n+2,\cdots \end{cases}$。

从而知 $\{X(t), t \geqslant 0\}$ 是生灭过程，且生灭率为 $\lambda_i = \lambda, i=0,1,2,\cdots$

因此可知，当 $\sum\limits_{k=1}^{\infty} \dfrac{\lambda_0 \lambda_1 \cdots \lambda_{k-1}}{\mu_1 \mu_2 \cdots \mu_k} < \infty$ 时，即 $\sum\limits_{k=1}^{n-1} \dfrac{1}{k!}\left(\dfrac{\lambda}{\mu}\right)^k + \sum \dfrac{n^n}{n}\left(\dfrac{\lambda}{n\mu}\right)^k < \infty$ ，

也即 $\rho = \dfrac{\lambda}{n\mu} < 1$ 时，该生灭过程有平稳分布，且平稳分布为

$$p_k = \begin{cases} \dfrac{(n\rho)^k p_0}{k!}, k=1,2,\cdots,n-1 \\ \dfrac{n^n \rho^k p_0}{n!}, k=n,n+1,\cdots \end{cases} , \quad p_0 = \left[\sum\limits_{k=0}^{n-1} \dfrac{\left((n\rho)^k\right)}{k!} + \dfrac{(n\rho)^n}{n!(1-\rho)}\right]^{-1}$$

因此，该生灭过程存在平稳分布的充要条件为 $\rho < 1$，称 ρ 为系统的服务强度，即当 $\rho < 1$ 时，该模型可正常生产。

根据上面的平稳分布，可以求出当系统处于平衡时的相应目标参量。

服务强度：

$$\rho_1 = \frac{\lambda}{\mu}, \quad \rho = \frac{\lambda}{n\mu} \tag{3.1}$$

平稳时系统内有 k 个工件的概率：

$$p_k = \begin{cases} \dfrac{\rho_1^k}{k!} p_0 = \dfrac{n^k}{k!} \rho^k p_0, 0 \leqslant k < n \\ \dfrac{\rho_1^k}{n! n^{k-n}} p_0 = \dfrac{n^n}{n!} \rho^k p_0, k \geqslant n \end{cases} \tag{3.2}$$

机器空闲的概率：

$$p_0 = \left(\sum\limits_{k=0}^{n-1} \frac{\rho_1^k}{k!} + \frac{\rho_1^n}{n!} \frac{1}{1-\rho}\right)^{-1} \tag{3.3}$$

由式（3.1）和式（3.2）可知该系统的性能指标。

缓冲区内工件的平均队长（工件的个数）：

$$L_q = \frac{\rho_1^{n+1}}{(n-1)!(n-\rho_1)^2} p_0 \tag{3.4}$$

工件的平均等待时间：

$$W_q = \frac{L_q}{\lambda} = \frac{\rho_1^n p_0}{\mu n \cdot n!(1-\rho^2)} \tag{3.5}$$

来到系统的工件必须排队等待的概率：

$$C(n,\rho_1) = \sum_{k=n}^{\infty} p_k = \frac{np_n}{n-\rho_1} \tag{3.6}$$

对于运输系统，模型用 n 个 $M/M/1$ 排队系统分析，根据上一节对 $M/M/n$ 的分析，令 $n=1$ 可得该系统的有关性能指标如下。

服务强度：

$$\rho = \lambda / \mu \tag{3.7}$$

缓冲区内工件的平均队长（工件的个数）：

$$L_q = \rho^2 / 1 - \rho \tag{3.8}$$

由利特儿准则知，工件的平均等待时间：

$$W_q = \frac{L_q}{\lambda} = \frac{\lambda}{\mu(\mu-\lambda)} \tag{3.9}$$

工件在系统内的逗留时间 ω_s 超过某固定值 t 的概率：

$$P\{\omega_s > t\} = \int_t^{\infty} \mu(1-\rho)\, e^{-\mu(1-\rho)h} dh = e^{-(\mu-\lambda)t} \tag{3.10}$$

3.3　带缓冲区的混合流水车间模型及其性能分析

3.3.1　带有多个缓冲区的单级并行加工系统

该模型下系统中有 n 台并行机器，每个工件只需要一道加工工序，每道工序中只有一台机器，每台机器前都有一个缓冲区而且缓冲容量是无限的，如图 3.2 所示。该模型用 n 个 $M/M/1$ 排队系统分析，假设工件到达的过程是泊松过程且服从参数为 λ 的负指数分布。工件到达系统后发现机器正忙，则排队等待服务，工件到达缓冲区后是按照先到先服务（First In First Out, FIFO）的排队规则接受服务的。机器的服务时间服从参数为 μ 的负指数分布且暂不考虑故障问题。

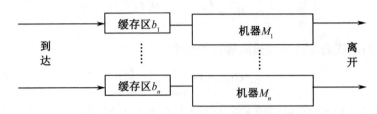

图 3.2　带有多个缓冲区多台机器并行的生产系统

当生产系统达到稳态运行时（而且必定会达到稳态，否则生产将无法进行），由式（3.7）～式（3.10）可知该系统的有关性能指标如下。

服务强度：

$$\rho = \lambda / \mu$$

缓冲区内工件的平均队长（工件的个数）：

$$L_q = \rho^2 / 1 - \rho$$

由利特儿准则可知，工件的平均等待时间：

$$W_q = \frac{L_q}{\lambda} = \frac{\lambda}{\mu(\mu - \lambda)}$$

工件在系统内的逗留时间 ω_s 超过某固定值 t 的概率：

$$P\{\omega_s > t\} = \int_t^\infty \mu(1 - \rho)\, e^{-\mu(1-\rho)h}\, \mathrm{d}h = e^{-(\mu-\lambda)t}$$

3.3.2　带有一个缓冲区的单级并行加工系统

现在考虑多台机器并行同时加工一类工件的模型，如图 3.3 所示。该模型用 $M/M/n$ 排队系统分析。模型中工件仅需一道加工工序，每台机器的操作相同，工件按参数为 λ 的泊松流到达缓冲区，如果系统中有机器空闲，则立即接受服务即开始加工，如果各机器均忙，则在缓冲区内排队等待。一旦有工件加工完毕离开系统，排队等待加工的工件按照先到先服务的规则接受服务。各机器的服务时间是相互独立的，且服从参数为 μ 的负指数分布。

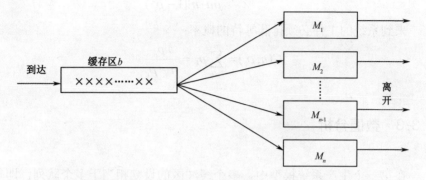

图 3.3 带有一个缓冲区的多台机器并行的生产系统

当系统处于平衡时，由式（3.1）、式（3.4）、式（3.5）、式（3.6）可求出相应的平稳分布。

服务强度：

$$\rho_1 = \frac{\lambda}{\mu}, \quad \rho = \frac{\lambda}{n\mu}$$

平稳时系统内有 k 个工件的概率：

$$p_k = \begin{cases} \dfrac{\rho_1^k}{k!} p_0 = \dfrac{n^k}{k!} \rho^k p_0, 0 \leqslant k < n \\ \dfrac{\rho_1^k}{n! n^{k-n}} p_0 = \dfrac{n^n}{n!} \rho^k p_0, k \geqslant n \end{cases}$$

机器空闲的概率：

$$p_0 = \left(\sum_{k=0}^{n-1} \frac{\rho_1^k}{k!} + \frac{\rho_1^n}{n!} \frac{1}{1-\rho} \right)^{-1}$$

由式（3.5）和式（3.6）可知该系统的性能指标如下。

缓冲区内工件的平均队长（工件的个数）：

$$L_q = \frac{\rho_1^{n+1}}{(n-1)!(n-\rho_1)^2} p_0$$

平均忙着的机器台数：

$$L_{服} = \bar{k} = \sum_{k=0}^{n} k p_k + n \sum_{k=n+1}^{\infty} p_k = n\rho = \rho_1$$

工件的平均等待时间：

$$W_q = \frac{L_q}{\lambda} = \frac{\rho_1^n p_0}{\mu n \cdot n! (1 - \rho^2)}$$

来到系统的工件必须排队等待的概率：

$$C(n, \rho_1) = \sum_{k=n}^{\infty} p_k = \frac{n p_n}{n - \rho_1}$$

3.3.3 数值分析

在第一个生产系统模型中，多个缓冲区的设立相当于多个队列，即每个机器前均有一个队列。第二个生产系统模型中，只设立了一个缓冲区，即只有一个队列。在加工相同产品的情况下，下面通过数值结算结果对两种模型下的目标参量进行分析。假设 $n = 3$，$\lambda = 0.3$，$\mu = 0.4$，通过上面所给式子得出各目标参量如表 3.1 所示。

表 3.1 $M/M/3$ 与 $M/M/1$ 模型目标参量比较

模型 \ 参数	$M/M/3$	$M/M/1$
P_0	0.075	0.25（每个子系统）
工件等候概率	0.57	0.75（整个系统）
L_q	1.70	2.25（每个子系统）
W_q	1.89	7.50（整个系统）

分析表 3.1 不难发现，设立一个缓冲区时工件的排队等待时间和在系统内的逗留时间更短。这样在本书所给的生产调度模型中就可以设立一个缓冲区，既缩短了整个订单的生产周期，又节约了设立多个缓冲区的生产成本。

3.3.4 模型性能分析

对于整个系统而言，当系统达到稳态时，系统的任务输入为 $\lambda_S = \lambda_{in} + \lambda_{out}$ 的 Poisson 过程。对于加工系统，从理论上讲，出入库的工件数量应该是相等的，故应有 $\lambda_{in} = \lambda_{out}$；但在实际加工过程中，由于缓冲区的设置，为了保证生产不中断，可以使工件的到达流大于出库流，即 $\lambda_{in} > \lambda_{out}$。设机器的服务时间为参数 μ_M 的负指数分布，即 $f_M(t) = \mu_M e^{-\mu_M t}$；根据式 (3.1)、式 (3.4)、式 (3.5) 可得到加工系统的有关性能指标如下。

服务强度：

$$\rho_M = \frac{\lambda_{in}}{C_1 \mu_M} \tag{3.11}$$

工件的平均等待队长：

$$L_q^M = \frac{(C_1 \rho_M)^{C_1+1}}{(C_1-1)!(C_1 - C_1 \rho_M)^2} p_0 \tag{3.12}$$

工件的平均等待时间：

$$W_q^M = \frac{L_q^M}{\lambda_{in}} = \frac{(C_1 \rho_M)^{C_1} p_0}{\mu_M C_1 \times C_1!(1-\rho_M)^2} \tag{3.13}$$

式中，$p_0 = \left[\sum_{n=0}^{C_1-1} \frac{(C_1 \rho_M)^n}{n!} + \frac{(C_1 \rho_M)^{C_1}}{C_1!(1-\rho_M)} \right]^{-1}$，$p_0$ 是加工系统内机器空闲的概率。

在生产系统达到稳态运行时，工件加工完毕后以 λ_{out} 的泊松流离开加工系统并进入运输系统，因此，运输系统中运输小车的任务输入为 $\lambda_T = \lambda_{out} / C_2$ 的 Poisson 流，且有

服务强度：

$$\rho_T = \frac{\lambda_T}{\mu_T} \tag{3.14}$$

工件的平均队长：

$$L_q^T = \frac{C_2 \rho_T}{1 - \rho_T} \tag{3.15}$$

工件的平均等待时间：

$$W_q^T = \frac{L_q^T}{\lambda_T} = \frac{\lambda_T}{\mu_T(\mu_T - \lambda_T)} \tag{3.16}$$

对于加工系统和运输系统来说，系统的平均队长就是驻留其中的平均调度工件数。上文把加工系统和运输系统看做两个相互独立的子系统，并对它们的模型进行了描述，从而求得各自的一些性能指标，但从整个车间调度来看，需要加工系统和运输系统相互协调运作。例如，在保证整个系

统的输入流 λ_S 不变的情况下，对于运输系统而言，由式（3.16）可以看出，在保持服务率不变的情况下，逗留时间是到达率的增函数，也就是工件的出库流越大，工件在运输系统内的排队等待时间越长。对于加工系统，由式（3.12）很难直观地确定排队等待时间是到达率的增函数还是减函数。为此，在固定 λ_S 值的条件下，通过设置不同的输入流 λ_{in} 和输出流 λ_{out}，找出工件在整个系统内的最短逗留时间。这样工件就能在第一道工序加工完毕后以最短的时间顺利运达缓冲区 b_2。

工件在某一系统的逗留时间等于排队等待时间与加工处理时间之和。对于加工系统，其调度任务（包括出库、入库）在系统中的逗留时间 T 的密度函数为

$$
\omega_M(t)=\begin{cases}
0,t\leqslant 0,\\[2mm]
(C_1\mu_M^2 tp_n+\mu_M-C_1\mu_M p_n)e^{-\mu_M t},C_1\mu_M=\lambda_{in}+\mu_M,t\geqslant 0\\[2mm]
\left[\mu_M+\dfrac{\mu_M^2 p_n}{(1-\rho_M)(C_1\mu_M-\lambda_{in}-\mu_M)}\right]e^{-\mu_M t}-\dfrac{C_1\mu^2 p_n}{C_1\mu_M-\lambda_{in}-\mu_M}\\[2mm]
\times e^{-(C_1\mu_M-\lambda_{in})t},C_1\mu_M\neq\lambda_{in}+\mu_M,t>0
\end{cases}
$$

式中，

$$
p_n=\begin{cases}
\dfrac{(C_1\rho_M)^n p_0}{n!},\quad n=1,2,\cdots,C_1-1\\[2mm]
\dfrac{C_1^{C_1}\rho_M^n p_0}{C_1!},\quad n=C_1,C_1+1,\cdots
\end{cases},\quad
p_0=\left[\sum_{n=0}^{C_1-1}\frac{(C_1\rho_M)^n}{n!}+\frac{(C_1\rho_M)^{C_1}}{C_1!(1-\rho_M)}\right]^{-1}
$$

p_n 表示系统处于平衡后系统中有 n 个工件的概率。

所以，工件在加工系统的平均逗留时间为

$$
W_s^M=E[T]=\frac{\rho_M p_n}{\lambda_{in}(1-\rho_M)^2}+\frac{1}{\mu_M}=\frac{\rho_M^{C_1}p_0}{\mu_M C_1\times C_1!(1-\rho_M)^2}+\frac{1}{\mu_M} \tag{3.17}
$$

工件离开加工系统后便进入运输系统，因为运输系统均为 C_2 个 $M/M/1$ 模型，故工件在运输系统的逗留时间 T 的密度函数为 $\omega_T(t)=(\mu_T-\lambda_T)e^{-(\mu_T-\lambda_T)t}$，它是参数为 $(\mu_T-\lambda_T)$ 的负指数分布，所以出库任务在整个运输系统的平均逗留时间为

$$W_s^T = E[T] = \frac{1}{(\mu_C - \lambda_T)} \tag{3.18}$$

则工件在整个车间调度系统中的平均逗留时间为

$$W_s = W_s^M + W_s^T \tag{3.19}$$

工件在整个调度系统中的逗留时间，即从缓冲区 b_1 经过加工处理被送至缓冲区 b_2 所需要的时间，其密度函数为 $\omega(t) = \omega_M(t) \otimes \omega_T(t)$，令 $\tilde{\mu} = (\mu_T - \lambda_T)$，有

（1）当 $n_M \mu_M = \lambda_{in} + \mu_M$ 时：

$$\omega(t) = \int_0^t \tilde{\mu} e^{-\tilde{\mu}(t-u)} \times \left[C_1 \mu^2 t p_n + \mu_M - C_1 \mu_M p_n \right] du$$

$$= \frac{\tilde{\mu} \mu_M (1 - \rho_M - p_n)(\tilde{\mu} - \mu_M) - \tilde{\mu} \mu_M (C_1 \mu_M - \lambda_T) p_n}{(1 - \rho_M)(\tilde{\mu} - \mu_M)^2}$$

$$(e^{-\mu_M t} - e^{-\tilde{\mu}t}) + \frac{\tilde{\mu} \mu_M (C_1 \mu_M - \lambda_T) p_n}{(1 - \rho_M)(\tilde{\mu} - \mu_M)} t e^{-\mu_A t}$$

$$= A(e^{-\mu_M t} - e^{-\tilde{\mu}t}) + Bt e^{-\mu_M t}$$

式中，

$$A = \frac{\tilde{\mu} \mu_M (1 - \rho_M - p_n)(\tilde{\mu} - \mu_M) - \tilde{\mu} \mu_M (C_1 \mu_M - \lambda_T) p_n}{(1 - \rho_M)(\tilde{\mu} - \mu_M)^2}, \quad B = \frac{\tilde{\mu} \mu_M (C_1 \mu_M - \lambda_T) p_n}{(1 - \rho_M)(\tilde{\mu} - \mu_M)}。$$

因此，由式（3.11）可知工件能及时送达缓冲区 b_2 而不影响生产的概率为

$$P(t < t_0) = \int_0^t \omega(t) dt = \int_0^t \left[A(e^{-\mu_M t} - e^{-\tilde{\mu}t} + Bt e^{-\mu_A t}) \right] dt$$

$$= \frac{A}{\tilde{\mu}} e^{-\tilde{\mu} t_0} - \frac{(A + Bt_0)\mu_M + B}{\mu_M^2} e^{-\mu_M t_0} + \frac{A}{\mu_M} - \frac{A}{\tilde{\mu}} + \frac{B}{\mu_A^2} \tag{3.20}$$

（2）当 $n_M \mu_M \neq \lambda_{in} + \mu_M$ 时，同理得

$$P(t < t_0) = \frac{C - D}{\tilde{\mu}} e^{-\tilde{\mu} t_0} - \frac{C}{\mu_M} e^{-\mu_M t_0} + \frac{D}{(1 - \rho_M) C_1 \mu_M} e^{-(1 - \rho_M) C_1 \mu_M t_0} + \frac{C}{\tilde{\mu}} - \frac{C - D}{\tilde{\mu}} - \frac{D}{(1 - \rho_M) C_1 \mu_M} \tag{3.21}$$

式中，$C = \dfrac{\tilde{\mu} \mu_M \left[P_c + (1 - \rho_M)(C_1 - C_1 \rho_M - 1) \right]}{(\tilde{\mu} - \mu_M)(1 - \rho_M)(C_1 - C_1 \rho_M - 1)}$；

$$D = \frac{C_1 \tilde{\mu} \mu_M P_n}{(C_1 - C_1 \rho_M - 1)(\tilde{\mu} - C_1 \mu_M + C_1 \mu_M \rho_M)}。$$

这里主要考虑工件在整个调度系统中的逗留时间和工件及时送至另一缓冲区而不影响生产的概率，由于不存在损失制，工件不会因为队长太长而离开系统，即不存在堵塞。只要这两个指标满足了生产的要求，其他指标也就能符合要求。

3.3.5 实验仿真与结果分析

本节对上一节中依据排队模型分析得到的目标参量及概率特性的表达式进行仿真验证，并对仿真结果进行分析。

1. 仿真实验

为检验排队优化模型的有效性和正确性，本节以给定的到达规律与服务规律为出发点编制了随机模拟仿真程序。仿真程序使用 MATLAB 7.0 编写。从整个工件调度流程来看，可以把它成一个随机服务系统。首先描述变量：①各工件初始任务请求到达时刻 REACH[K]（分钟）；②各工件的加工时间 WORK[K]（分钟）；③各机器的服务时间 LOAD[K]（分钟）；④各工件的等待时间 WAIT[K]（分钟）；⑤最长等待时间 l wait（分钟）；⑥各工件总等待时间 sum wait（分钟）；⑦机器响应次数 answer times（次）；⑧各工件相对位置坐标在模拟过程中需要用到下列存储单元做记录：A_i 为第 $i+1$ 个工件与第 i 个工件之间的到达间隔；B_i 为第 i 个工件的服务时间；T_i 为事件的发生时刻；TNOW 为当前系统的仿真时钟；U 为服从[0，1]均匀分布的随机变量。

2. 数值分析

对于本书所提出的生产调度模型，假设加工系统的机器台数与运输系统小车数相同，即 $C_1 = C_2$。该模型主要考查的是调度任务（包括出库、入库）在加工系统和运输系统的等待时间与逗留时间，以及工件在整个系统所花费的总时间。本书对工件的到达率进行不同的调整，以考查系统目标参量的变化。对每种出库、入库速率组合，分别进行 50 次仿真，每次进行仿真的运行周期为 3000 个任务。设 $C_1 = C_2 = 3$ 时，$\mu_M = 0.6$，$\mu_T = 0.5$；$C_1 = C_2 = 6$ 时，$\mu_M = 0.6$，$\mu_T = 0.3$。实验仿真结果如表 3.2 和表 3.3 所示，图 3.4 和图 3.5 所示是表中数据的直观表示。

其中，M-wait 和 M-stay 分别为调度任务（包括出库、入库）在加工系统中的平均等待时间和平均逗留时间；T-wait 和 T-stay 为出库任务在运输系统的平均等待时间和平均逗留时间；W-stay 为出库任务在整个物流调度过程中的平均逗留时间。下面对表 3.2 和表 3.3 进行分析：

表 3.2　仿真结果 1

$C_1 = C_2 = 3$，$\mu_M = 0.6$，$\mu_T = 0.5$							
Arrival rate	M-wait	M-stay	T-wait	T-stay	W-wait	W-stay	P
$\lambda_M = 0.8, \lambda_T = 0.8$	0.19	1.85	2.32	4.32	2.51	6.17	0.61
$\lambda_M = 0.9, \lambda_T = 0.7$	0.26	1.93	1.70	3.70	1.96	5.63	0.65
$\lambda_M = 1.0, \lambda_T = 0.6$	0.36	2.03	1.33	3.33	1.69	5.36	0.73
$\lambda_M = 1.1, \lambda_T = 0.5$	0.50	2.17	1.03	3.03	1.53	5.20	0.81
$\lambda_M = 1.2, \lambda_T = 0.4$	0.74	2.41	0.73	2.73	1.47	5.14	0.83
$\lambda_M = 1.3, \lambda_T = 0.3$	1.08	2.75	0.51	2.51	1.59	5.26	0.79
$\lambda_M = 1.4, \lambda_T = 0.2$	1.45	3.12	0.39	2.39	1.84	5.51	0.70

表 3.3　仿真结果 2

$C_1 = C_2 = 6$，$\mu_M = 0.8$，$\mu_T = 0.3$							
Arrival rate	M-wait	M-stay	T-wait	T-stay	W-wait	W-stay	P
$\lambda_M = 1.0, \lambda_T = 1.0$	0.23	1.48	6.50	7.83	6.73	9.31	0.59
$\lambda_M = 1.1, \lambda_T = 0.9$	0.36	1.61	3.65	4.66	4.01	6.27	0.74
$\lambda_M = 1.2, \lambda_T = 0.8$	0.73	1.98	2.57	3.88	3.30	5.86	0.82
$\lambda_M = 1.3, \lambda_T = 0.7$	1.19	2.44	2.03	3.55	3.22	5.99	0.81
$\lambda_M = 1.4, \lambda_T = 0.6$	1.80	3.13	1.64	3.00	3.44	6.13	0.79
$\lambda_M = 1.5, \lambda_T = 0.5$	2.57	3.82	1.26	2.59	3.83	6.41	0.75
$\lambda_M = 1.6, \lambda_T = 0.4$	3.50	4.77	0.96	2.35	4.46	7.02	0.70
$\lambda_M = 1.7, \lambda_T = 0.3$	4.65	5.95	0.67	2.00	5.32	7.95	0.65
$\lambda_M = 1.8, \lambda_T = 0.2$	5.98	7.09	0.41	1.74	6.39	8.83	0.61

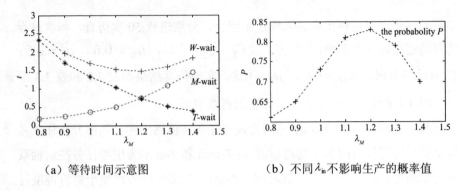

（a）等待时间示意图 （b）不同 λ_{in} 不影响生产的概率值

图 3.4 仿真结果 1 示意图

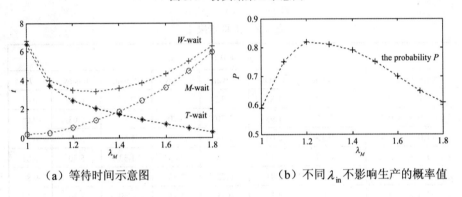

（a）等待时间示意图 （b）不同 λ_{in} 不影响生产的概率值

图 3.5 仿真结果 2 示意图

（1）表 3.2 数据分析。当 $C_1 = C_2 = 3$，$\mu_M = 0.6$，$\mu_T = 0.5$ 时，从图 3.4 中可以看出，固定出库流 $\lambda_S = 1.6$，随着 λ_{in} 的增大，工件在加工系统中的等待时间 M-wait 越来越大。随着 λ_{out} 的减小，工件在运输系统中的等待时间 T-wait 越来小。由于服务率是定值，服务时间不变，等待时间的变化导致滞留时间相应的发生变化。当 $\lambda_M = 1.2$，$\lambda_T = 0.4$ 时，工件在整个系统内的逗留时间最短。从图 3.5 中可以看出，工件在系统内的逗留时间越长，及时送至下一缓冲区不影响生产的概率越小。当 $\lambda_M = 1.2$，$\lambda_T = 0.4$ 时，工件及时送至下一缓冲区而不影响生产的概率是 0.83，此时为最佳值。

（2）表 3.3 数据分析。当 $C_1 = C_2 = 6$，$\mu_M = 0.8$，$\mu_T = 0.3$ 时，从图 3.5 中可以看出，固定出库流 $\lambda_S = 2.0$，随着 λ_{in} 的增大，工件在加工系统中的等待时间 M-wait 越来越大。随着 λ_{out} 的减小，工件在运输系统中的等待时间

T-wait 越来越小。由于服务率是定值，服务时间不变，等待时间的变化导致滞留时间相应的发生变化。当 $\lambda_M = 1.2$，$\lambda_T = 0.8$ 时，工件在整个系统内的逗留时间最短，而此时工件及时送至下一缓冲区而不影响生产的概率值是 0.82，是最佳概率值。因此，工件最佳到达率为 $\lambda_M = 1.4$，$\lambda_T = 0.8$。

（3）对比实验结果不难发现，应用排队理论分析生产调度问题时，可以通过设置不同输入流得到所需要的最佳等待时间，从而使工件在整个系统中的逗留时间最短。

3.4　可修混合排队调度模型及其性能分析

3.4.1　混合排队调度模型

设 N 个相同机器，一个修理工，工件的到达是参数为 λ 的泊松过程，服务时间独立同分布

$$f(x) = \begin{cases} \mu e^{-\mu t}, t \geq 0 \\ 0, \quad\quad t < 0 \end{cases}, \quad \lambda \text{ 与 } \mu \text{ 为非负常数。}$$

以 $X(t)$ 表示时刻 t 系统中的有效机器台数，以 $Y(t)$ 表示时刻 t 系统中的工件数，则随机过程 $\{X(t), Y(t); t \geq 0\}$ 描述了系统时刻 t 的瞬时状态，这一随机过程是二维马尔可夫过程。

系统在时刻 t 处于状态 (i,j)，如果 $X(t) = i, Y(t) = j$。以 $P_{i,j}(t)$ 表示系统在时刻 t 的瞬时状态概率，即

$$P_{i,j}(t) = P\{X(t) = i, Y(t) = j\}, \ i = 0, 1, \cdots N; \ j = 0, 1, \cdots$$

用 $P_{i,j}$ 表示系统处于状态 (i,j) 的稳态概率，即

$$P_{i,j} = \begin{cases} \lim_{t \to \infty}\{X(t) = i, Y(t = j)\}, i = 0, 1, \cdots, N; j = 0, 1, \cdots \\ 0 \end{cases}$$

考虑 $(t, t + \Delta t)$ 内系统状态转移情况，得出系统不同状态下的稳态平衡方程：

$$(\lambda + \eta)P_{0,0} = \xi_1 P_{1,0}, i = 0, j = 0$$

$$(\lambda + \eta)P_{0,j} = \xi_2 P_{1,j} + \lambda P_{0,j-1}, i = 0, j > 0$$

$$(i\xi_1 + \lambda + \eta)P_{i,0} = \eta P_{i-1,0} +$$

$$(i+1)\xi_1 P_{i+1,0} + \mu P_{i,1}, 0 < i < N, j = 0$$

$$(j\mu + (i-j)\xi_1 + j\xi_2 + \lambda + \eta)P_{i,j} = \eta P_{i-1,j} + [(i+1-j)\xi_1 +$$

$$j\xi_2]P_{i+1,j} + \lambda P_{i,j-1} + (j+1)\mu P_{i,j+1}, 0 < i < N, j < i$$

$$(i\mu + i\xi_2 + \lambda + \eta)P_{i,i} = \eta P_{i-1,i} +$$

$$(\xi_1 + i\xi_2)P_{i+1,i} + \lambda P_{i,i-1} + i\mu P_{i,i+1}, 0 < i < N, j = i$$

$$(i\mu + i\xi_2 + \lambda + \eta)P_{i,j} = \eta P_{i-1,j} +$$

$$(i+1)\xi_2 P_{i+1,j} + \lambda P_{i,i-1} + i\mu P_{i,i+1}, 0 < i < N, j < i$$

$$(N\xi_1 + \lambda)P_{N,0} = \eta P_{N-1,0} + \mu P_{N,1}, i = N, j = 0$$

$$(j\mu + (N-j)\xi_1 + j\xi_2 + \lambda)P_{N,j} = \eta P_{N-1,j} +$$

$$\lambda P_{N,j-1} + (j+1)\mu P_{N,j+1}, i = N, 0 < j < N$$

$$(N\mu + N\xi_2 + \lambda)P_{N,j} = \eta P_{N-1,j} + \lambda P_{N,j-1} +$$

$$N\mu P_{N,j+1}, i = N, N \leqslant j$$

设 $G_1(z) = \sum\limits_{j=0}^{\infty} z^j P_{i,j}$，$G(z) = \sum\limits_{i=0}^{N} G_i(z)$，$0 \leqslant i \leqslant N; |z| \leqslant 1$

则有

$$\sum_{i=0}^{N} G_1(1) = 1 \qquad (3.22)$$

依据上述 i 和 j 状态的稳态平衡方程，可以得到 $N+1$ 个关于 $G_i(1), i = 0, 1, \cdots, N$ 的方程：

$$\begin{cases} \eta G_0(1) = \xi_2 G_1(1) + (\xi_1 - \xi_2)P_{1,0} \\ (k\xi_2\eta)G_k(1) + \sum\limits_{m=1}^{k} m(\xi_1 - \xi_2)P_{k,k-m} = \\ \eta G_{k-1}(1) + (k+1)\xi_2 G_{k+1}(1) + \qquad (1 < k < N) \\ \sum\limits_{m=1}^{k+1} m(\xi_1 - \xi_2)P_{k+1,k+1-m} \\ N\xi_2 G_N(1) + \sum\limits_{m=1}^{N}(\xi_1 - \xi_2)P_{N,N-m} = \eta G_{N-1}(1) \end{cases} \qquad (3.23)$$

式（3.23）中的 $N+1$ 个方程可以简化为 N 个独立的方程，再与式（3.22）组成关于 $G_i(1), i = 0,1,\cdots,$ 的含有 $N+1$ 个独立方程的方程组：

$$\begin{cases} \eta G_0(1) - \xi_2 G_1(1) = (\xi_1 - \xi_2) P_{1,0} \\ \eta G_k(1) - (k+1)\xi_2 G_{k+1}(1) = \\ \quad \sum_{m=1}^{N} m(\xi_1 - \xi_2) P_{k+1,k+1-m} \qquad (1 \leqslant k \leqslant N\text{-}1) \\ \sum_{0}^{N} G_i(1) = 1 \end{cases} \qquad (3.24)$$

利用系统的稳态平衡方程，上述 $\dfrac{N(N+1)}{2}$ 个概率值可归结为 N 个概率值 $P_{i,0}, i = 1,2,\cdots,N$ 的求值问题，如果能求得这 N 个概率值，即可求得系统有效机器台数的稳态分布 $G_i(1), i = 0,1,2,\cdots,N$ ，进而可得系统的稳态可用度，若系统共有 N 台机器，则系统的稳态可用度为

$$A = \sum_{k=1}^{N} G_k(1) \qquad (3.25)$$

在系统满足稳态概率存在的条件下，可以求得 N 个概率值 $P_{i,0}, i = 1,2,\cdots,N$ 。

当 $N=1$ 时，式（3.24）可写为

$$\begin{cases} \eta G_0(1) - \xi_2 G_1(1) = (\xi_1 - \xi_2) P_{1,0} \\ G_0(1) + G_1(1) = 1 \end{cases}$$

解得

$$G_0(1) = \frac{\xi_2 + (\xi_1 - \xi_2) P_{1,0}}{\xi_2 + \eta} \qquad (3.26)$$

$$G_1(1) = \frac{\eta - (\xi_1 - \xi_2) P_{1,0}}{\xi_2 + \eta} \qquad (3.27)$$

对不同 i 值的系统平衡方程两边均乘以 z^{i+1} ，再对 j 求和得到 $N+1$ 个关于 $G_i(z)$ （ $i = 0,1,\cdots,N$ ）的方程：

$$
\begin{cases}
[(\lambda + \eta)z - \lambda z^2]G_0(z)z = (\xi_1 - \xi_2)P_{1,0}z \\
-\eta z G_{i-1}(z) + [(i\mu + i\xi_2 + \lambda + \eta)z - \\
\lambda z^2 - i\mu]G_i(z) - (i+1)z\xi_2 G_{i+1}(z) = \\
\displaystyle\sum_{m=1}^{i} m(\mu + \xi_2 - \xi_1)P_{1,1-m}z^{i+1-m} + \\
\displaystyle\sum_{m=1}^{i+1} m(\xi_1 - \xi_2)P_{i+1,i+1-m}z^{i+2-m} - \sum_{m=1}^{i} m\mu P_{i,i-m}z^{i-m} - \\
\eta z G_{N-1}(z) + \left[(N\mu + N\xi_2 + \lambda)z - \lambda z^2 - N\mu\right]G_N(z) \\
\displaystyle\sum_{m=1}^{N} m(\mu + \xi_2 - \xi_1)P_{N,N-m}z^{N+1-m} - \sum_{m=1}^{N} m\mu P_{N,N-m}z^{N-m}
\end{cases} \quad (0 < i < N) \qquad (3.28)
$$

即为概率母函数方程组。

令 $f_i(z) = (i\mu + i\xi_2 + \lambda + \eta)z - \lambda z^2 - i\mu$，$i = 0,1,\cdots,N-1$

得到式（3.28）的矩阵表示式：

$$
\begin{bmatrix}
f_0(z) & -\xi_2 z & 0 & 0 & \cdots & 0 & 0 & 0 \\
-\eta z & f_1(z) & -2\xi_2 & 0 & \cdots & 0 & 0 & 0 \\
0 & -\eta z & f_2(z) & -3\xi_2 z & \cdots & 0 & 0 & 0 \\
\cdots & \cdots & & & & \cdots & \\
0 & 0 & 0 & 0 & \cdots & -\eta z & f_{N-1}(z) & -N\xi_2 z \\
0 & 0 & 0 & 0 & \cdots & 0 & -\eta z & f_N(z)
\end{bmatrix}
$$

$$
b_i(z) = \sum_{m=1}^{i} m(\mu + \xi_2 - \xi_1)P_{1,i-m}z^{i+1-m} + \sum_{m=1}^{i+1} m(\xi_1 - \xi_2)P_{i+1,i+1-m}z^{i+1-m} - \sum_{m=1}^{i} m\mu P_{i,i-m}z^{i-m}
$$
$$
(0 \leqslant i \leqslant N)
$$

$$
\overline{\boldsymbol{b}}(z) = \begin{bmatrix} b_0(z) \\ b_1(z) \\ \cdots \\ b_N(z) \end{bmatrix}, \quad \overline{\boldsymbol{g}}(z) = \begin{bmatrix} G_0(z) \\ G_1(z) \\ \cdots \\ G_N(z) \end{bmatrix}
$$

则有 $\boldsymbol{A}(z)\overline{\boldsymbol{g}}(z) = \overline{\boldsymbol{b}}(z)$，对使 $\boldsymbol{A}(z)$ 为可逆矩阵（非奇异矩阵）的所有矩阵 z，有

$$
|\boldsymbol{A}(z)||\boldsymbol{G}_i(z)| = |\boldsymbol{A}_i(z)|, \quad (i = 0,1,\cdots,N) \qquad (3.29)
$$

这里 $|\boldsymbol{A}(z)|$ 表示 $\boldsymbol{A}(z)$ 的行列式，而 $\boldsymbol{A}_i(z)$ 是用替换 $\boldsymbol{A}(z)$ 的第 $i+1$ 列而得出的矩阵。因为式（3.29）左右两边均是 z 的幂函数，所以可以称为解析函数。又多项式 $|\boldsymbol{A}(z)|$ 在[0，1]内存在有限多个根，由解析函数的性质可知，

式（3.29）对区间[0，1]内的 z 均成立。在式（3.29）中，$G_i(z)$ 表示关于 $\bar{b}(z)$ 的多项式形式，又 $\bar{b}(z)$ 的元素中包含式（3.24）中所含有的 $\dfrac{N(N+1)}{2}$ 个未知的概率值，所以要解决的问题是求得其中的 N 个值 $P_{i,0}, i = 0,1,\cdots,N$。

设 z_j，$j = 1,2,\cdots,N-1$ 为 $|A(z)|$ 在 $(0,1)$ 内的 $N-1$ 个不同实根，把 $z = z_j$ 代入到式（3.29）中得

$$|A(z)| = 0(j = 1,2,\cdots,N-1; i = 0,1,\cdots,N)$$

$$|A(z)| = (z-1)$$

$$\begin{vmatrix} f_0(z) & -\xi_2 z & \cdots & b_0(z) & \cdots & 0 \\ -\eta z & f_1(z) & \cdots & b_1(z) & & 0 \\ 0 & -\eta z & \cdots & b_2(z) & & 0 \\ \cdots & & & & & \\ 0 & 0 & \cdots & b_{N-1}(z-1) & \cdots & -N\xi_2 z \\ -\lambda z & -\lambda z + \mu & \cdots & \sum\limits_{i=1}^{N}\sum\limits_{m=1}^{i} m\mu P_{i,i-m} z^{i-m} & \cdots & -\lambda z + N\mu \end{vmatrix}$$

把上式简记为

$$|A_i(z)| = (z-1)D_i(z)，\quad i = 0,1,\cdots,N$$

当 $z=1$ 时得

$$D(1)G_i(1) = D_i(1), i = 0,1,\cdots,N$$

当 $N=1$ 时为

$$D(1)G_0(1) = D_0(1), i = 0,1,\cdots,N$$

代入式（3.24）解得

$$P_{1,0} = \frac{\eta\mu - \eta\lambda - \lambda\xi_2}{\mu(\xi_1 + \eta)} \tag{3.30}$$

把式（3.28）代入式（3.24）和式（3.25）可以得到正在使用中的服务台数量的稳态分布，也就是系统的稳态可用度为

$$A = G_1(1) = \frac{\eta - (\xi_1 - \xi_2)\dfrac{\eta\mu - \eta\lambda - \lambda\xi_2}{\mu(\xi_1 + \eta)}}{\xi_2 + \eta} \tag{3.31}$$

依据上式求出 N 个系统的稳态概率 $P_{i,0}$，$i = 1,2,\cdots,N$ 后，由系统达到稳态时的平衡方程可求得所有的式（3.24）或式（3.29）中包含的 $\dfrac{N(N+1)}{2}$

个系统的稳态概率表示式，然后，可用式（3.29）求得 $G_i(z)$，$i=1,2,\cdots,N$，进而可求得系统的平均队长的概率母函数为

$$G(z) = \sum_{i=0}^{N} G_i(z)$$

由概率母函数的性质可知，系统在稳态条件下的平均队长为

$$E(Y) = \frac{\mathrm{d}G(z)}{\mathrm{d}z}\Big|_{z=1}$$

当 $N=1$ 时，由式（3.29）解得

$$G_0(z) = \frac{|A_0(z)|}{|A(z)|} = \frac{(\xi_1 - \xi_2)(\mu - \lambda z)p_{1,0} + \xi_2 \mu P_{1,0}}{(\lambda + \eta - \lambda z)(\mu - \lambda z) - \lambda \xi_2 z}$$

$$G_1(z) = \frac{|A_1(z)|}{|A(z)|} = \frac{(\lambda + \eta - \lambda z)\mu p_{1,0} + \lambda(\xi_1 - \xi_2)P_{1,0}}{(\lambda + \eta - \lambda z)(\mu - \lambda z) - \lambda \xi_2 z}$$

所以

$$G(z) = G_0(z) + G_1(z) = \frac{(\xi_1 - \xi_2)(\mu - \lambda z)p_{1,0} + \xi_2 \mu P_{1,0}}{(\lambda + \eta = \lambda z)(\mu - \lambda z) - \lambda \xi_2 z}$$

把式（3.30）代入得

$$G(z) = \frac{[(\mu - \lambda)\eta - \xi_2 \lambda][\xi_1 + \lambda(1-z) + \eta]}{(\xi_1 + \eta)\{\lambda(1-z) + \eta)(\mu - \lambda z) - \lambda \xi_2 z\}}$$

系统的稳态平均队长为

$$E(Y) = \frac{\mathrm{d}G(z)}{\mathrm{d}z}\Big|_{z=1} = \frac{\lambda[\lambda(\xi_2 - \xi_1) + \mu \xi_1 + (\xi_1 + \eta)(\xi_2 + \eta)]}{(\xi_1 + \eta)[\eta(\mu - \lambda) - \lambda \xi_2]} \tag{3.32}$$

工件在系统内的平均等待时间为

$$E(T) = \frac{E(Y)}{\lambda} = \frac{\lambda(\xi_2 - \xi_1) + \mu \xi_1 + (\xi_1 + \eta)(\xi_2 + \eta)}{(\xi_1 + \eta)[\eta(\mu - \lambda) - \lambda \xi_2]} \tag{3.33}$$

本书只研究工件在缓冲区的等待时间与其他目标参量的函数关系，其他目标参量暂不考虑。在不发生缓冲区堵塞的情况下，通过已有的函数关系实现对工件等待时间的控制，从而控制工件的交付周期。

3.4.2 数值模拟及分析

用几个数值例子来说明各系统参数对系统指标工件的平均等待时间

$E(t)$ 的影响，其中参数的 ξ_1 值固定不变，各数值结果如表 3.4 所示。

在表 3.4 中，通过运行数据得到平均等待时间 $E(t)$ 与各参数变化的关系。从表 3.4 中所给出的数据结果及图 3.6～图 3.9 分析得出以下结论：

（1）对于存在机器故障的基于制造单元的车间调度问题，由图 3.6 知，工件在缓冲区内的平均等待时间 $E(t)$ 随着机器服务率 μ 的增大而减小，且当 $\mu = 1.0$ 时，$E(t)$ 的值急剧减小，而当 $\mu = 1.5$ 和 $\mu = 2.0$ 时，$E(t)$ 的值变化幅度很小。由此可知，在保证存在平稳分布的条件下，即 $\rho = \lambda / \mu < 1$，当 μ 的值靠近 λ 的值时，此时服务强度 ρ 越接近 1，$E(t)$ 的值越急剧增大；当 $\mu > 0.9$ 时，$E(t)$ 的值随机器服务率的增大而缩小，且变化的幅度越来越小。这符合实际生产状况，当机器的服务率越高时，工件的等待时间是越短的。

表 3.4　工件在各缓冲区的等待时间 $E(t)$ 与各参数的关系

$\zeta_1 = 0.1$, $\lambda = 0.6$, $\eta = 0.8$							
ζ_2	0.10	0.15	0.20	0.25	0.30	0.35	0.40
$\mu = 1.0, E(t)$	3.899	4.758	5.899	7.418	9.603	12.980	18.889
$\mu = 1.5, E(t)$	1.616	1.746	2.056	2.310	2.593	2.908	3.264
$\mu = 2.0, E(t)$	1.059	1.170	1.288	1.415	1.548	1.691	1.843
$\zeta_1 = 0.1$, $\zeta_2 = 0.2$, $\eta = 0.8$							
λ	0.10	0.20	0.30	0.40	0.50	0.60	0.70
$\mu = 1.0, E(t)$	1.603	1.889	2.289	2.889	3.889	5.889	11.889
$\mu = 1.5, E(t)$	1.071	1.188	1.333	1.514	1.746	2.055	2.488
$\mu = 2.0, E(t)$	0.822	0.889	0.966	1.056	1.162	1.289	1.444
$\zeta_1 = 0.1$, $\lambda = 0.6$, $\zeta_2 = 0.2$							
η	0.50	0.60	0.70	0.75	0.80	0.85	0.90
$\mu = 1.0, E(t)$	12.083	8.572	6.875	6.324	5.889	5.550	5.250
$\mu = 1.2, E(t)$	5.556	4.405	3.750	3.529	3.333	3.266	3.047
$\mu = 1.5, E(t)$	3.182	2.619	2.279	2.162	2.055	1.971	1.898
$\zeta_1 = 0.1$, $\zeta_2 = 0.2$, $\eta = 0.8$							
μ	0.80	0.90	1.00	1.10	1.20	1.30	1.40
$\lambda = 0.4, E(t)$	4.722	3.576	2.889	2.431	2.355	1.858	1.667
$\lambda = 0.5, E(t)$	8.175	5.253	3.889	3.099	2.584	2.220	1.953
$\lambda = 0.6, E(t)$	28.889	9.720	5.889	4.246	3.333	2.753	2.350

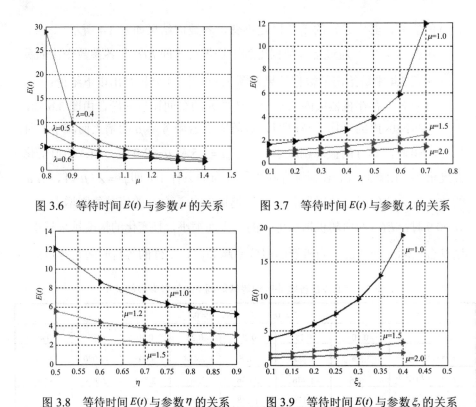

图 3.6　等待时间 $E(t)$ 与参数 μ 的关系　　图 3.7　等待时间 $E(t)$ 与参数 λ 的关系

图 3.8　等待时间 $E(t)$ 与参数 η 的关系　　图 3.9　等待时间 $E(t)$ 与参数 ξ_2 的关系

　　(2)由图 3.7 知,工件的平均等待时间 $E(t)$ 是工件到达率 λ 的递增函数,随到达率的增大,等待时间越来越长。当 $\mu=1.0$,$\lambda>0.6$ 时,$E(t)$ 值的增加幅度开始变大,而当 $\mu=1.5$,$\mu=2.0$ 时,λ 对 $E(t)$ 的影响变化并不是很大。实际生产中,工件到达的越多,整个系统内工件的平均排队等待时间越长,从而影响生产的交付周期。但这并不说明工件到达率越小越好,工件到达率越小,就越有可能造成下级生产停滞,造成资源闲置,同样会影响交付周期。为此,实际生产中,需要设置工件到达率的最佳值。

　　(3) 图 3.8 和图 3.9 给出了机器性能对等待时间 $E(t)$ 的影响。从图中不难看出,$E(t)$ 是 η 的递减函数,即机器的修复率越大,工件平均等待时间越短。$E(t)$ 是 ξ_2 的递减函数,即随着机器故障率的增大,平均等待时间越长。机器故障率一般是由机器出厂性能决定的,实际生产中无法改变,而机器维修率则是由修理工决定的,为此可以通过提高修理工对机器的维修效率减少工件平均等待时间,从而缩短交付周期。

3.5　小结

本章通过建立混合流水车间调度的排队模型，将 $M/M/n$ 排队模型与 $M/M/1$ 排队模型相结合，给出了求解最小逗留时间的方法，并对模型的稳定性进行了证明。将工件的生产周期看做工件在系统内的排队等待时间与加工时间之和，通过建立基于制造单元的车间调度问题的排队模型，采用一个修理工的 $M/M/n$ 可修排队系统对存在设备故障的生产模型进行了可靠性分析，给出了工件平均等待时间与系统各参数的关系。本书仅讨论了单级生产系统，由于多于两台机器的调度问题是求解的 NP-hard 难题，故无法完全求解只能近似求解。今后可以对此类问题做进一步的研究，如考虑到多台机器的串联、工件的优先级或缓冲区的容量限制等。

第 4 章

典型 Job Shop 调度问题
求解方法

● ● ● ● ● ● ● ●

Job Shop 调度问题是生产调度问题的一个特例,大量研究已经证明其属于 NP-hard 问题。近年来,基于元启发式的智能群体优化算法被大量用于求解各种 Job Shop 调度问题,这类方法能够在可行的时间内获取问题的近似解或最优解,弥补了传统方法无法求问题的弊端,这类方法在解决这类复杂组合问题时表现出了很好的特性。但是 Job Shop 调度问题存在较多的局部最优解,很多智能算法在求解时容易陷入局部最优值,往往无法产生预期的效果。因此,寻找高效、高性能的优化算法是解决 Job Shop 调度问题的关键。

目前,SCE(Shuffled Complex Evolution)算法作为一种高效的算法已大量用于解决各类实际问题中,尤其是其强大的解空间搜索能力,而 Job Shop 调度问题本身就存在许多局部最小解,因此,本章引入 SCE 算法对 Job Shop 调度问题中工件的加工完成时间进行优化求解。同时,由于基本 SCE 算法在获取最优解时存在求解速度慢和求解质量差等缺点,所以,引入第 3 章提出的改进 SCE 算法。将其与基本 SCE 算法进行比较,实验结果表明,改进 SCE 算法在求解 Job Shop 调度问题上比基本 SCE 算法更加有效。

4.1　Job Shop 调度问题

4.1.1　问题描述

Job Shop 调度问题（JSP）是一类复杂的组合优化问题。在 Job Shop 调度问题中，集合 **m** 代表用来加工的机器设备的数目，集合 **n** 表示待加工的工件，每个工件 i 都包括一系列操作 $(o_{i1}, o_{i2}, \cdots, o_{im})$，每个工件都有一个自己的加工工序，即工件在不同的机器上按照一定的顺序加工。其中，o_{ij} 表示工件 i 的第 j 次加工操作，它所占用的时间 p_{ij} 是已知的，且每台机器在同一时刻只能加工一个工件，其间不能中断，直到完成为止。工件 i 的最后完成时间为 C_i，不考虑其他机器故障等因素。车间调度的目标就是在满足约束条件的情况下，最后使得工件在机器上的某种性能指标最优。

4.1.2　Job Shop 调度数学模型

Job Shop 调度问题可描述为：n 个工件在 m 台机器上加工处理，其中每个工件都有固定的加工工序和在各个机器上的加工时间。其研究的目标就是找出一个最优的调度序列，使得某种性能最优。本章以求解 makespan 为目标，其数学模型可表示为

$$\min \frac{\max\{\max c_{ik}\}}{1 \leqslant k \leqslant m 1 \leqslant i \leqslant n} \tag{4.1}$$

s.t. $\quad c_{ik} - p_{ik} + M(1 - a_{ihk}) \geqslant c_{ih} \quad (i = 1, 2, \cdots, n；\ h, k = 1, 2, \cdots, m)$

$\qquad c_{jk} - c_{ik} + M(1 - x_{ijk}) \geqslant p_{jk} \quad (i, j = 1, 2, \cdots, n;\ k = 1, 2, \cdots, m)$

$\qquad c_{ik} \geqslant 0 \ (i = 1, 2, \cdots, n;\ k = 1, 2, \cdots, m)$

$$x_{ijk} = 0 \text{ 或 } 1 \ (i, j = 1, 2, \cdots, n;\ k = 1, 2, \cdots, m) \tag{4.2}$$

$$a_{ihk} = 0 \text{ 或 } 1 \ (i = 1, 2, \cdots, n;\ h, k = 1, 2, \cdots, m) \tag{4.3}$$

式中，c_{ik} 为工件 i 在机器 k 上的完成时间；p_{ik} 为工件 i 在机器 k 上的加工处

理时间；M 为一个无穷大的正数；a_{ihk} 为机器 h 是否先于机器 k 加工工件 i；x_{ijk} 为工件 i 是否先于工件 j 在机器 k 上加工。

4.2 JSP 问题求解算法

近年来，全局优化方法的研究取得了很大的进展，产生了很多用于求解多约束、多极值、高维复杂问题的数学优化方法。主要有基于传统优化的线性规划、分支定界法等，以及基于生物进化思想的元启发式方法，如遗传算法、进化规划、模拟退火、粒子群优化算法等。在这类元启发式方法中，SCE 算法是由 Arizona 大学的 Duan 等人在解决概念性降雨模型参数评估时提出的一种基于群体的全局搜索优化算法。由于其在求解多维复杂问题方面的健壮性、高效性及有效性，而被广泛用于求解工程领域中的各类优化问题。

SCE 算法具有如下优点：①在多区域空间中快速达到全局收敛的能力；②强大的搜索能力避免陷入局部最优；③参数灵敏性、参数之间的相互依赖程度低；④方便构建高维复杂问题的模型。大量的研究结果证明，该算法在解决非线性多维复杂问题时具有优化效果佳、收敛速度快、稳定性好等特点，且能很好地收敛到全局最优解。

4.2.1 SCE 算法

1. SCE 算法描述

SCE 算法借鉴了生物群体进化的思想，在求解过程中通过不断改进当前群体中最差个体的质量，使得算法朝着最优解的方向进化，最终获取全局最优解。其过程如下：首先，在可行域空间中随机地选择一组数值作为初始解；然后，将这组数值划分成一个或多个复合体，每个复合体通过复合进化方法 CCE（Competitive Complex Evolution）进行进化；最后，将复合体进行混洗，使得每个复合体中每个个体解的信息能够得到共享，如此往复直到满足给定的收敛条件。

2．SCE 算法的步骤

Step1　初始化。确定复合体的个数 p 和每个复合体中的个数 m。计算初始样本的大小 $s=pm$。

Step2　生成样本。在可行域空间中随意产生 s 个点数 $x\{x_1, x_2, \cdots, x_s\}$，并计算每个点 x_i 的函数值 f_i。

Step3　排序。将产生的 s 个样本点的函数值按照升序进行排列，并将它们存储在数组 **D** 中，即 $\mathbf{D} = \{(x_i, f_i), i = 1, 2, \cdots, s\}$，其中 $i = 1$ 表示最小的函数值。

Step4　划分复合体。将数组 **D** 中的个数划分为 p 个复合体 $A_1, A_2, \cdots, A_p$，每个复合体有 m 个样本点，其中 $A_k = [(x_j^k, f_j^k) \mid x_j^k = x_{k+p(j-1)}, f_j^k = f_{k+p(j-1)}, j = 1, \cdots, m]$。

Step5　复合体进化。对每个复合体 $A_k\ (k = 1, 2, \quad , p)$，使用复合进化算法 CCE 对其进行计算。

Step6　混洗。将新产生的每个复合体按照函数值升序重新进行排序，然后将排序后的结果存储到数组 **D** 中，即 $\mathbf{D} = \{A_k, k = 1, 2, \cdots, p\}$。

Step7　收敛性判断。如果结果满足收敛条件，则停止；否则，返回 Step 4。具体 SCE 算法的流程如图 4.1 所示。

3．复合进化算法 CCE

CCE 算法的步骤如下：

Step1　参数初始化。给定 q、α、β 的初始值。其中 q 表示子复合形的个数，α 表示子代迭代的次数，β 表示每个复合形进化的次数，各参数值必须满足约束条件 $2 \leqslant q \leqslant m$，$\alpha \geqslant 1$，$\beta \geqslant 1$。

Step2　赋予权重。给每个复合形 A_k 按照三角形概率分布赋予权重值 $p_i = 2(m+1-i)/m(m+1)$，对 $i = 1, \cdots, m$，点 x_i^k 的概率值最大，为 $p_i = 2/(m+1)$。点 x_m^k 的概率值最小，为 $p_i = 2/[m(m+1)]$。

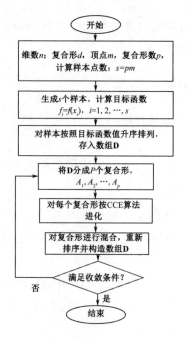

图 4.1 SCE 算法的流程

Step3 产生子复合形。利用三角形概率分布从复合形 A_k 中随机选取 q 个顶点 $u_i,\cdots,u_q$ 构成子复合形。然后将 q 个顶点和它们的相对位置存储在数组 $B=\{(u_i,v_i),i=1,\cdots,q\}$ 和 L 中，其中 v_i 是点 u_i 的值。

Step4 产生子代。具体过程如下：

（1）对数组 B 和 L 进行排序，使得 q 个顶点按照函数值升序排列，并通过 $g=[1/(q-1)]\sum\limits_{j=1}^{q-1}u_j$ 计算父辈顶点的中心位置。

（2）计算新顶点 $r=2g-U_q$，其中 r 为顶点 U_q 对中心位置的对称映射点。

（3）如果顶点 r 在可行域解空间 H 中，计算函数值 f_z，并转到（4）；否则，在其定义域中产生一个随机点 z。然后计算其函数值 f_z，使得 $r=z$，并设 $f_r=f_z$。

（4）如果 $f_r<f_q$，用点 r 代替 U_q，返回到（6）；否则，构造一个新点 c，使得 $c=0.5(q+u_q)$，并计算 f_c。

（5）如果 $f_c<f_q$，用点 c 代替 U_q，返回到（6）；否则，在 H 中产生一个随机点 z，并计算 f_z，将 U_q 用点 z 代替。

（6）重复（1）～（5）α 次。

Step5　替换父代。将产生的子代替换掉数组 **B** 中对应的父代。重新按
照函数值升序进行排列。

Step6　重复执行 Step 2 到 Step 6 β 次（β 是复合形迭代的次数）。

CCE 算法的流程如图 4.2 所示。

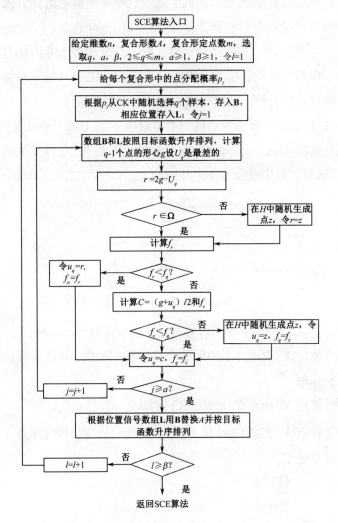

图 4.2　CCE 算法的流程

4.2.2　改进的 SCE 算法

　　尽管 SCE 算法在理论研究方面取得了一定的成果，但该算法本身还存
在许多亟待解决的问题，其中最重要的一个问题就是 SCE 算法在个体进化

迭代过程中新个体的产生机制存在缺陷，容易导致其在搜索过程中出现收敛速度慢、获取最优解质量差等情况。另外，SCE 算法是借鉴生物进化思想演变而来的，缺少相应的基础数学理论的支撑。针对上述问题，本节对个体进化的机制进行了改进，该机制通过改变新个体的进化方式，让下一代个体能够快速地沿着当前群体中最优个体的方向进化，减少进化次数，较快地收敛到最优解，从而在获取最优解的质量和效率方面都有一定的提高。同时，将随机过程的相关理论应用于新的 SCE 算法中，对算法的进化过程及收敛性进行分析，使其在数学理论方面得到论证。

在 SCE 算法中，解的进化机制主要取决于 CCE 算法，而 CCE 算法借鉴了单纯形算法（Simplex Method）的思想，其下一代个体产生的过程如图 4.3 所示（以复合体中包含三个个体为例）。

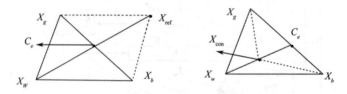

图 4.3　标准 SCE 算法中点的反射与收缩

在图 4.3 中，点 X_w 表示当前复合体中适应度最差的个体，X_b 表示适应度最好的个体，X_g 表示介于中间的个体。基本 CCE 算法求解反射点和收缩点的过程如下。

（1）计算点 X_g 和点 X_b 的中点 C_e，即 $C_e = (X_g + X_b)/2$。

（2）通过点 X_w 和点 C_e 计算 X_w 对应的反射点 X_{ref} 和收缩点 X_{con}。

具体计算如下：

$$反射点：\qquad X_{ref} = 2 * C_e - X_w \qquad\qquad (4.4)$$

$$收缩点：\qquad X_{con} = (X_w + C_e)/2 \qquad\qquad (4.5)$$

在上面的描述中，点 X_b 表示当前复合形中个体适应度最好的一个点。在一般的群体演化算法中，群体中下一代个体的进化方向都是沿着当前群体中最优个体的方向进行。从图 4.3 中可以看出，在标准 SCE 算法中使用 CCE 方法在获取反射点和收缩点时并没有沿着点 X_b 的方向进行，而是基于

点 X_b 和 X_g 的中点 C_e 来产生映射点和收缩点的，这样将容易导致算法在进化迭优过程中增加进化的代数，甚至无法产生最优解。针对这种情况本书提出了一种新的产生个体的方法，该方法通过改变标准 SCE 算法中获取反射点和收缩点的方式，使得算法中下一代个体的产生更趋近于当前复合形中最优点 X_b。具体实现如图 4.4 所示。

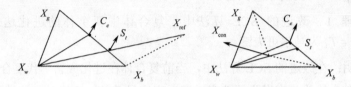

图 4.4　改进的 SCE 算法中点的反射与收缩

其过程如下：

（1）计算点 X_g 和点 X_b 的中点 C_e，即 $C_e = (X_g + X_b)/2$。

（2）在点 C_e 和点 X_b 之间随意产生一个点 S_t。

（3）计算反射点。计算点 X_w 基于点 S_t 的映射点 X_{ref}，即为点 X_w 对应的反射点。

（4）计算收缩点。通过点 X_w 和 S_t 获得 X_w 对应的收缩点 X_{con}。

具体的计算如下：

$$\text{反射点：} \begin{cases} S_t = tC_e + (1-t)X_b & 0 < t < 1 \\ X_{ref} = 2S_t - X_w \end{cases} \tag{4.6}$$

$$\text{收缩点：} \begin{cases} S_t = tC_e + (1-t)X_b & 0 < t < 1 \\ X_{con} = \dfrac{2}{3}S_t + \dfrac{1}{3}X_w \end{cases} \tag{4.7}$$

从图 4.4 中可以看出，改进的 SCE 算法中新一代个体（反射点和收缩点）的产生更加趋近于当前群体中最优个体 X_b。

4.2.3　马尔可夫模型及收敛性分析

从新的 SCE 算法的基本思想中不难看出，其进化求解过程本质上为随机过程。本节采用随机过程理论对新的 SCE 算法的求解过程进行分析，同时引入 solis 和 wets 提出的关于随机优化算法收敛性判定的相关标准来对新的 SCE 算法的收敛性进行验证。首先给出以下相关理论：

定义 1 （马尔可夫链）设一个随机过程 $\{X_n, n \in T\}$，如果对于任意整数 $n \in T$ 和任意 $i_0, i_1, \cdots, i_{n+1} \in I$，条件概率满足

$$P\{X_{n+1} = i_{n+1} \mid X_0 = i_0, X_1 = i_1, \cdots, X_n = i_n\}$$
$$= P\{X_{n+1} = i_{n+1} \mid X_n = i_n\}$$

则称 $\{X_n, n \in T\}$ 为马尔可夫链。

定理 1 改进的 SCE 算法中，复合体中新个体的进化迭代过程 $\{X(n), n \in T\}$ 为马尔可夫链。

证明： 在改进的 SCE 算法中，当前复合体在进化成新一代复合体时，只有一个个体的状态发生了改变，即适应度最差的一个个体。由式（4.6）和式（4.7）可得，下一代个体的产生与当前个体之间满足线性关系，可将其表示为：

$$X(n+1) = X(n) + \alpha(n)A(n) \quad (n \in T) \tag{4.8}$$

式中，$X(n)$ 为当前个体的状态，$A(n)$ 为线性变化的幅度；$\alpha(n)$ 为变化幅度的系数；$X(n+1)$ 为下一代个体，则：

$$P\{X_{n+1} = i_{n+1} \mid X_0 = i_0, X_1 = i_1, \cdots, X_n = i_n\}$$
$$= P\{X_n + \alpha(n)A(n) = i_{n+1} \mid X_0 = i_0, X_1 = i_1, \cdots, X_n = i_n\}$$
$$= P\{X_n = i_{n+1} - \alpha(n)A(n) \mid X_0 = i_0, X_1 = i_1, \cdots, X_n = i_n\}$$
$$= P\{X_{n-1} + \alpha(n-1)A(n-1) = i_{n+1} - \alpha(n)A(n) \mid X_0 = i_0, X_1 = i_1, \cdots, X_n = i_n\}$$
$$= P\{X_{n-1} = i_{n+1} - \alpha(n)A(n) - \alpha(n-1)A(n-1) \mid X_0 = i_0, X_1 = i_1, \cdots, X_n = i_n\}$$
$$\cdots\cdots$$
$$= P\{X_1 = i_{n+1} - \sum_{j=1}^{n} \alpha(j)A(j) \mid X_0 = i_0, X_1 = i_1, \cdots, X_n = i_n\}$$
$$= P\{X_{n+1} = -\sum_{j=1}^{n} \alpha(j)A(j) - x_1 \mid X_0 = i_0, X_1 = i_1, \cdots, X_n = i_n\}$$
$$= P\{X_{n+1} = i_{n+1} \mid X_n = i_n\}$$

故序列 $\{X_n, n \in T\}$ 为马尔可夫链，命题得证。

假设 1 $f(D(x, \xi)) \leqslant f(x)$，且 $\xi \in S$，则 $f(D(x, \xi)) \leqslant f(\xi)$。其中，$D(x, \xi)$ 为算法 D 产生的下一代个体，即 $x_{k+1} = D(x_k, \xi)$；f 为适应度函数；ξ 为算法在之前求解过程中产生的解；S 为可行解空间。

假设 2 对于一个集合 $\mathbf{A}$，$\mathbf{A} \in S$，且算法在集合 $\mathbf{A}$ 上的 Lebesgure 概

率测度 $v(A) > 0$ ，则有 $\prod_{k=0}^{\infty}[1 - \mu_k(A)] = 0$ 。其中， $\mu_k(A)$ 为算法在第 k 次求解时在集合 **A** 上的概率测度。

引理 1 （全局收敛） 假设函数 f 为可测函数，**S** 为 R^n 的一个可测子集，如果算法同时满足假设 1 和假设 2，设 $\{X_k\}_{k=0}^{\infty}$ 为算法产生的一个序列，则有：

$$\lim_{k \to \infty} P[x_k \in R_{\varepsilon,M}] = 1 \qquad (4.9)$$

式中， $P[x_k \in R_{\varepsilon,M}]$ 为算法在第 k 次迭代时，点 x_k 位于算法最优解区域 $R_{\varepsilon,M}$ 中的概率。

定理 2 在改进的 SCE 算法中，设第 t 代种群为 $\{X(t) \mid t \in T\}$ ， t 为当前的进化代数，则在进化过程中群体 $X\{t\}$ 中的最优个体的函数值为单调递减（求解最小值）。

证明：由改进的 SCE 算法求解过程可得：复合体中个体按照函数值的升序进行排列，表示为 $f_1(t) \leqslant f_2(t) \leqslant \cdots \leqslant f_m(t)$ ，且在每次迭代过程中只有一个个体发生更新。而新一代个体的产生有三种情况：①当前个体对应的反射点；②当前个体对应的收缩点；③在可行域空间中随机产生的点。

当其满足①②时，明显地 $f(x_n(t+1)) \leqslant f(x_n(t))$ 。

当满足③时，即在定义域中随机产生一个点时，若该点函数值小于或等于当前个体函数值，则更新个体 x_n 后 $f(x_n(t+1)) \leqslant f(x_n(t))$ ，最优个体函数值单调递减。若更新 x_n 后 $f(x_n(t+1)) > f(x_n(t))$ ，由于上一代群体中最优个体没有发生更新，即复合体中最优解保持不变，最优个体函数值 $f(x_n(t+1)) = f(x_n(t))$ 。同理，当种群中包含多个复合体时，其单调情况仍然符合。

综上所述，在改进的 SCE 算法中，群体 $\{X(t), t \in T\}$ 在进化迭代过程中最优个体的函数值单调递减，命题得证。

定理 3 改进的 SCE 算法具有全局收敛性。

证明：在改进的 SCE 算法中，设 $R_{\varepsilon,M}$ 为最优解区域， $\mu(R_{\varepsilon,M})$ 表示算法在区域 $R_{\varepsilon,M}$ 上的概率测度，取正数 k 使其满足 $0 < k < 1$ ，在改进 SCE 算法进化迭代过程中，存在正数 M ，当 $n > M$ 时， $\mu(R_{\varepsilon,M}) \geqslant 1 - k$ ，即 $1 - \mu(R_{\varepsilon,M}) \leqslant k$ ，从而有 $\prod_{i=M}^{n}[1 - \mu(R_{\varepsilon,M})] \leqslant k^{n-M}$ 。所以 $\prod_{i=0}^{n}[1 - \mu(R_{\varepsilon,M})] \leqslant k^{n-M}$ ，又 $0 < k < 1$ ，当

n 为无穷大时，$\prod\limits_{i=0}^{n}[1-\mu(R_{\varepsilon,M})]\leqslant k^{n-M}=0$，从而 $\prod\limits_{i=0}^{n}[1-\mu(R_{\varepsilon,M})]=0$，即新的 SCE 算法满足假设 2。同时由定理 2 可得，改进的 SCE 算法在迭代过程中最优个体的函数值单调递减，所以其满足假设 1。因此，由引理 1 可得改进的 SCE 算法满足全局收敛性，命题得证。

4.2.4　实验仿真与结果分析

针对改进的 SCE 算法，在 8 个基本的 benchmark 函数上面进行了测试，这 8 个函数如表 4.1 所示。

在运用改进的 SCE 算法对表 4.1 中的 8 个 benchmark 函数进行优化求解时，算法中参数的具体设置如表 4.2 所示，其中 m 为复合体中的个体数目，p 为复合体数目，q 为子复合体中的个体数目，α 和 β 分别为子复合体和每个复合体进化的代数。算法代码采用 MATLAB 编写，运行环境为 Windows XP Professional，CPU 1.73GHz，内存 1GB。算法终止的条件是计算目标函数值的次数 max $n>10000$。

表 4.1　试验中所用到的 8 个 benchmark 函数

编号	测试函数	数学表达式
F1	Goldstein-Price	$f(x_1,x_2)=[-2+(x_1+x_2+1)^2(19-14x_1+3x_1^2-14x_2+6x_1x_2^2+3x_2^2)]$ $[30+(2x_1-3x_2)^2(18-32x_1+12x_2^2+48x_2-36x_1x_2+27x_2^2)]$, $-2\leqslant x_1,x_2\leqslant2$
F2	Rosenbrock	$f(x_1,x_2)=100(x_2-x_1^2)+(1-x_1^2)^2$, $-5\leqslant x_1\leqslant5,-2\leqslant x_2\leqslant8$
F3	Six-hump Camelback	$f(x_1,x_2)=(4-2.1x_1^2+x_1^4/3)x_1^2+x_1x_2+(-4+4x_2^2)x_2^2$, $-5\leqslant x_1,x_2\leqslant5$
F4	Rastrigin	$f(x_1,x_2)=x_1^2+x_2^2-\cos(18.0x_1)-\cos(18.0x_2)$, $-1\leqslant x_1,x_2\leqslant1$
F5	Griewank	$f(x)=\dfrac{1}{4000}\sum\limits_{i=1}^{n}(x_i)^2-\prod\limits_{i=1}^{n}\cos((xi)/\sqrt{i})+1$, $-600\leqslant x_i\leqslant600,i=1,2,\cdots,10$
F6	Shekel	$f(x)=-\sum\limits_{j=1}^{10}[\sum\limits_{i=1}^{4}(x_i-C_{ij})^2+\beta_j]^{-1}$, $0\leqslant x_i\leqslant10,x_i=1,2,3,4$
F7	Hartman	$f(x)=-\sum\limits_{i=1}^{4}\alpha_i\exp[-\sum\limits_{j=1}^{6}B_{ij}(x_j-Q_{ij})^2]$, $0<x_i<1,i=1,2,\cdots,6$
F8	Schaffer's f6	$f(x_1,x_2)=0.5+\dfrac{(\sin\sqrt{x_1^2+x_2^2})^2-0.5}{[1.0+0.001(x_1^2+x_2^2)]^2}$, $-100\leqslant x_1,x_2\leqslant100$

表 4.2 改进的 SCE 算法的参数设置

测试函数	变量维数	m	p	q	α	β
F1	2	5	2	3	1	5
F2	2	5	2	3	1	5
F3	2	5	2	3	1	5
F4	2	5	2	3	1	5
F5	10	21	10	11	1	21
F6	4	9	4	5	1	9
F7	6	13	6	7	1	13
F8	2	5	2	3	1	5

分别使用改进的 SCE 算法和标准 SCE 算法，对每一 benchmark 函数重复做寻优求解实验 50 次，所得数据结果如表 4.3 所示。其中，CPU 运行时间单位为秒（s）。

表 4.3 算法实验结果对比

函数	基本 SCE 算法		改进的 SCE 算法		理论最优解
	最优值	CPU 时间/s	最优解/s	CPU 时间/s	
F1	3	0.125	3	0.078125	3
F2	5.3468e−007	0.20313	3.8245e−010	0.15625	0
F3	−1.0316	0.125	−1.0316	0.0781	−1.031628453489
F4	−1.8616	0.15625	−2	0.24063	−2
F5	4.1157e−005	1.8906	1.1905e−009	1.875	0
F6	−10.5364	0.32813	−10.5364	0.375	−10.5364098252
F7	−3.3224	0.5	−3.3224	0.40625	−3.322368011415
F8	0.095796	0.0781	0.011046	0.17188	0

在进化迭代过程中，两者的进化曲线如图 4.5～图 4.12 所示。

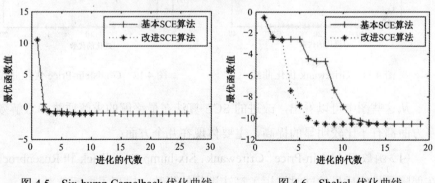

图 4.5 Six-hump Camelback 优化曲线   图 4.6 Shekel 优化曲线

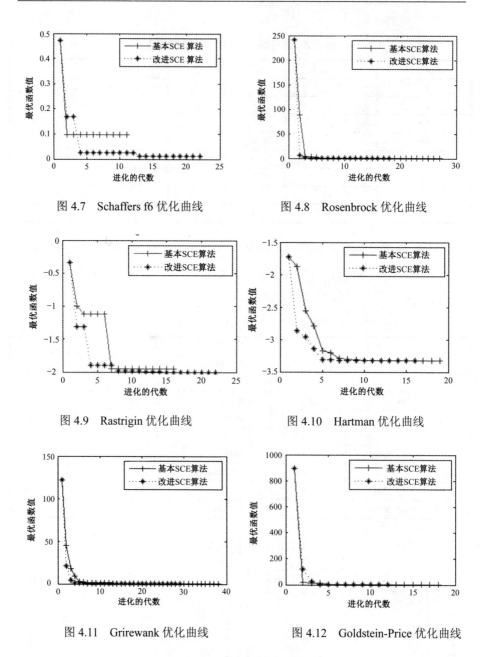

图 4.7　Schaffers f6 优化曲线　　　　图 4.8　Rosenbrock 优化曲线

图 4.9　Rastrigin 优化曲线　　　　图 4.10　Hartman 优化曲线

图 4.11　Grirewank 优化曲线　　　　图 4.12　Goldstein-Price 优化曲线

从这些图中可以看出，改进的 SCE 算法在最终解的求解质量和求解效率方面都有了比较明显的提高，主要体现在几个方面：

（1）函数 Goldstein-Price、Grirewank、Six-hump Camelback 和 Rosenbrock 在保障最优解质量的同时缩短了算法进化的代数，提高了求解效率。

（2）函数 Shekel、Rastrigin 和 Hartman 在进化的初期，其全局搜索能力相比标准 SCE 算法有了很大提高。

（3）Rastrigin 函数获得的最优解为-2，达到函数的理论最优解，而标准 SCE 算法获得的最优解为-1.8616。

（4）Schaffers f6 函数获得最优解为 0.011046，相比标准 SCE 算法获得的最优解 0.095796，其解的质量明显得到提高。

可见，与标准 SCE 算法相比，改进的 SCE 算法在对标准测试函数求解时，在收敛速度及解的质量方面都有了不同程度的改善。

4.3　基于改进 SCE 算法的 Job Shop 调度问题

4.3.1　编码机制

本书采用基于工序编码的方式来对 Job Shop 调度进行编码。对于一个 $m \times n$ 的调度，其编码序列由工件的序号组成，共有 $m \times n$ 个，采用工件的加工顺序来构造，同一工件的所有工序都采用相同的序号表示，并根据它们在排序中出现的顺序来决定它们在不同机器上的加工顺序。对于编码后的调度序列[2 1 1 1 3 2 2 3 3]，其中 1、2、3 分别代表工件 J1、J2、J3 的编号，在序列中出现的顺序代表工件依次进行的加工操作过程。

SCE 算法是用于求解连续优化问题的算法，而 Job Shop 调度问题是典型的组合优化问题，其解空间中变量的分布是离散的。因此，其算法不能直接用于求解 Job Shop 调度问题，为解决这个矛盾，采用如下序列映射方法将连续解空间的变量映射到离散解空间的变量中。以 3×3 的 Job Shop 调度为例，如图 4.13 所示。

首先在[0,1]区间随机产生一个实数序列，即序列 1，它表示在实数空间产生的解序列，然后按从大到小的顺序进行排序，并在相应的位置上标示出来，便产生了序列 2。将序列 2 中的每个数字除以待解问题中设备的个数，便可产生序列 3，即为 SCE 算法在求解 Job Shop 调度问题时个体的编码序列。

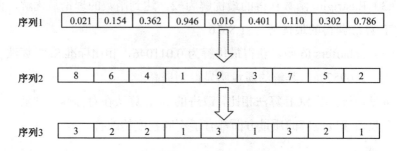

图 4.13 实数空间到离散空间的映射

4.3.2 解码机制

其解码过程如下：

Step1 将已有序列转化成一个有序的操作表。

Step2 利用 Step1 产生的操作表及对应的工艺约束，对各操作以最早允许加工时间逐一进行加工。

Step3 产生对应的调度方案。

可以看出，这种解码过程可产生活动调度。对于一个 3×3 的 Job Shop 调度，其加工时间和加工的顺序如表 4.4 所示。假设有一序列为 $[2\ 1\ 1\ 1\ 3\ 2\ 2\ 3\ 3]$，可生成有序的操作表为 $[O_{211}, O_{111}, O_{122}, O_{133}, O_{223}, O_{232}, O_{312}, O_{321}, O_{333}]$，其中 O_{ijk} 表示工件 i 的第 j 次操作在机器 k 上进行。对照机器和工件的工艺约束条件，产生相应的调度如图 4.14 所示。

表 4.4 工件的加工时间

工件	加工时间			加工机器		
	1	2	3	M1	M2	M3
J1	3	3	2	3	3	2
J2	1	5	3	1	5	3
J3	3	2	3	3	2	3

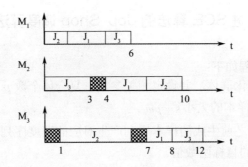

图 4.14 序列[2 1 1 1 3 2 2 3 3]的调度图

4.3.3 适应度函数

根据前面建立的 Job Shop 调度数学模型，以获取最小化工件的最大完成时间为目标的函数为 fitness：

$$\text{fitness} = \min\{\max C\} \qquad C \text{ 代表工件的完成时间} \qquad (4.10)$$

4.3.4 SCE 算法参数分析

SCE 算法的参数相对比较少，主要有 m（复合体中的点数）、q（子复合体中的点数）、p（复合体的个数）、$p_{\min}$（复合体中最少含有的点数）、α（子复合体中的迭代次数）、β（复合体进化的代数）。参数的选择对算法的收敛性及收敛速度等性能有直接的影响，本书采用 Duan 等人提出的关系式，如式（4.11）所示，该关系式已在许多优化问题中得到了验证，其中 n 表示待解问题的规模。

$$
\begin{aligned}
m &= 2n+1 \\
q &= n+1 \\
\beta &= m \\
\alpha &= 1 \\
p &= p_{\min}
\end{aligned}
\qquad (4.11)
$$

4.3.5　基于改进 SCE 算法的 Job Shop 调度算法

具体算法流程如下：

Step1　初始化群体，并设定相关参数：复合体个数 p，复合体中的个数 m。计算初始样本的大小 $s = pm$。

Step2　利用之前生成的样本序列产生对应的调度序列，然后计算每个调度序列所对应的目标函数值。

Step3　根据目标函数值由低到高对调度序列进行排序，然后进行复合体划分。

Step4　判断是否满足算法终止条件，若满足，则输出最优调度解；若不满足，转 Step5。

Step5　对每个复合体进行如下操作步骤。

（1）初始化参数：子复合体中的调度序列的数目 q，子复合体的迭代次数 α，复合体的迭代次数 β。并为复合体中的每个调度序列赋予三角形概率权重值 $p_i = 2(m+1-i)/m(m+1)$，$i = 1, 2, \cdots, m$。

（2）选择父代。从当前复合体中按照三角概率分布从中随机选择 q 个调度序列，同时计算出这 q 个调度序列中适应度最差的调度序列 X_w 和另外 q-1 个调度序列的中心位置 C_e。

（3）按式（4.6）计算反射序列（反射点），若该点在合法的解空间中，同时其适应度值低于父代中适应度最差的调度序列 X_w，则转向步骤。否则，转向（4）。

（4）按式（4.7）计算收缩序列（收缩点），若该点的适应度值低于父代最差调度序列 X_w，则转向步骤。否则，转向（5）。

（5）在解空间中随机产生一合法调度序列，计算该序列的目标函数值，并用该序列取代父代中最差序列 X_w。

（6）重复（2）～（5）β 次。

Step6　把进化后的每个复合体重新组成新的集合，计算每个调度序列的目标函数值。

Step7　如果结果满足收敛条件，则停止；否则，转至 Step3。

改进的 SCE 算法的 Job Shop 调度流程如图 4.15 所示。

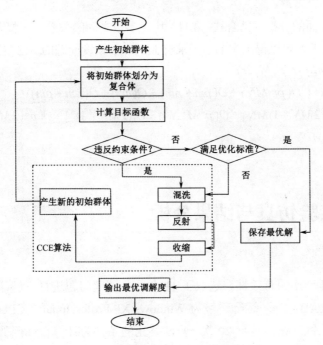

图 4.15   基于 SCE 算法的生产调度流程

4.4   算法复杂度分析

假设待解调度问题中工件数目为 N ，机器数目为 M ，复合体个数为 p ，复合体中的个数为 m ，子复合体中的个体数目为 q ，子复合体的迭代次数为 α ，复合体的迭代次数为 β 。从 4.3.5 节的算法流程中可以看出，SCE 算法主要由四部分组成。第一部分计算目标函数值，其复杂度为 $O(p,m,M,N)$ ；第二部分对整个个体进行排序，最坏情况下其复杂度为 $O(pm*pm)$ ；第三部分为复合体进化部分，即 CCE 算法部分，CCE 算法主要由两部分组成：其中一部分为 q 个个体排序，最坏情况下其复杂度为 $O(q^2)$ ，另一部分为 m 个个体进行排序，最坏情况下其复杂度为 $O(m^2)$ ，整个 CCE 算法迭代 β 次，其复杂度可以表示为 $O[\beta]*(O(q^2)+O(m^2))]$ ，约为 $O(m^2)$ ；第四部分为进化后的整个个体混洗排序，其复杂度可以表示为 $O(pm*pm)$ 。

根据上面的分析，结合式（4.11）中各参数之间的关系，在整个算法迭代 k 次的情况下，可以得出本书用于求解 Job Shop 调度问题的算法复杂度如下：

$$O(p, m, q, \alpha, \beta, M, N)$$
$$= O(k) * (\ O(pmMN) + O(pm * pm) + O(m^2) + O(pm * pm))$$
$$= O[p(2MN+1)MN] + O(p^2 M^2 N^2) + O[(2MN+1)^2] + O[p^2(2MN+1)^2]$$
$$\approx O(M^2 N^2)$$

4.5   实验仿真与结果分析

为验证算法的有效性，选取了 11 个经典调度问题进行求解。算法代码采用 MATLAB 编写，运行环境为 Windows XP Professional， CPU1.73GHz，内存 1GB，每次试验运行 20 次。算法终止的条件为计算目标函数值的次数 $\max n > 10000$。实验结果如表 4.5 所示。从表 4.5 中可以看出，改进的 SCE 算法在 FT06、LA01、LA05-06、LA08-14 等经典调度问题上都取得了很好的效果，在参数一定的条件下都能够达到理论最优解。图 4.16、图 4.17 和图 4.18 所示分别为 FT06、LA09 和 LA12 在获取最优解情况下的甘特图。图 4.19、图 4.20 和图 4.21 所示分别为改进 SCE 算法在求解 FT06、LA09 和 LA12 问题时的迭代过程，从中可以看出，改进的 SCE 算法在一定的迭代次数下都可以有效地收敛到最优值。

表 4.5   改进 SCE 算法的计算结果

问题	规模	理论最优解	改进 SCE 算法		
			最终解	参数（p）	迭代次数
FT06	6×6	55	55	9	10
LA01	10×5	666	666	12	10
LA05	10×5	593	593	2	11
LA06	15×5	926	926	5	11
LA08	15×5	863	863	13	5
LA09	15×5	951	951	3	14
LA10	15×5	958	958	2	12

续表

问题	规模	理论最优解	改进 SCE 算法		
			最终解	参数（P）	迭代次数
LA11	20×5	1222	1222	9	5
LA12	20×5	1039	1039	2	16
LA13	20×5	1150	1150	3	11
LA14	20×5	1292	1292	2	13

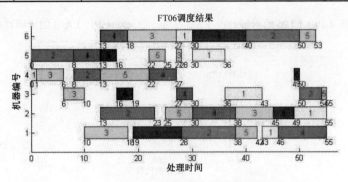

图 4.16　FT06 问题的一个最优解的甘特图

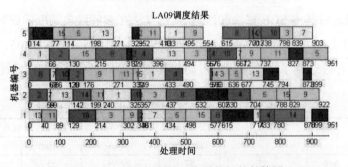

图 4.17　LA09 问题的一个最优解的甘特图

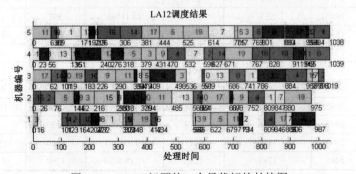

图 4.18　LA12 问题的一个最优解的甘特图

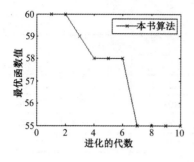

图 4.19　FT06 的求解过程

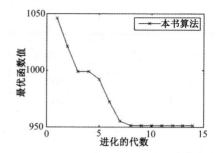

图 4.20　LA09 的求解过程

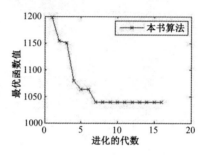

图 4.21　LA12 的求解过程

表 4.6 对基本 SCE 算法和改进 SCE 算法在求解经典调度问题时的情况进行了对比，可以看出，基本 SCE 算法只有在求解 LA01、LA05、LA10、LA14 问题时达到了理论最优解，而在其他几个问题中未能求出最优解。

表 4.6　改进 SCE 算法和基本 SCE 算法的比较

问题	规模	理论最优解	基本 SCE 算法		改进 SCE 算法	
			最优解	时间/s	最优解	时间/s
FT06	6×6	55	57	4.209962	55	5.253687
LA01	10×5	666	666	5.703717	666	6.948297
LA05	10×5	593	593	2.911768	593	1.926514
LA06	15×5	926	939	7.879740	926	9.974258
LA08	15×5	863	892	8.091363	863	10.340299
LA09	15×5	951	956	6.767137	951	8.024657
LA10	15×5	958	958	7.610644	958	4.548690
LA11	20×5	1222	1258	10.509073	1222	13.254694
LA12	20×5	1039	1074	10.707953	1039	11.151807
LA13	20×5	1150	1211	10.637841	1150	11.209403
LA14	20×5	1292	1292	10.683133	1292	8.884434

图 4.22 所示为两个算法所求最优解分别与理论最优解之差的对比图。在基本 SCE 算法和改进 SCE 算法都求出最优解的情况下，除了 LA01 问题中基本 SCE 算法所用的时间少于改进的 SCE 算法之外，在另外 3 个问题中，改进 SCE 算法所用的时间都要少于基本 SCE 算法。可以看出，改进 SCE 算法在求解 Job Shop 调度问题上更有效。

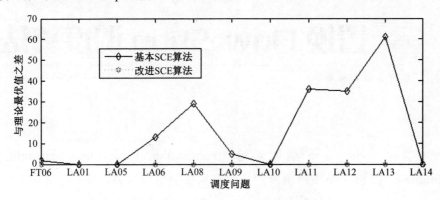

图 4.22　改进 SCE 算法和基本 SCE 算法求解性能比较

4.6　小结

本章以求解 Job Shop 调度中工件的最小完成时间为目标，研究了改进 SCE 算法在 Job Shop 调度中的应用，改进 SCE 算法能够提高最优解的质量及求解速度。通过合理的编码机制将连续空间中的变量映射到离散空间中，有效解决了连续定义域的优化算法在组合优化问题中的应用。从实验结果可以看出，改进 SCE 算法在求解一些典型 Job Shop 调度问题时是有效的。同时，该算法在解决其他大规模的调度问题上也是值得研究的。

第 5 章

置换 Flow Shop 调度算法

· · · · · · · ·

置换 Flow Shop 调度问题（Permutation Flow Shop Scheduling Problem, PFSP）是生产调度的一个很重要的组成部分，其在待解问题中的机器数目 $m > 2$ 时属于 NP-hard 问题。鉴于其在实践中的重要性和复杂性，一直是众多研究者研究的目标。

本章引入 SCE 算法，将其用于求解置换 Flow Shop 调度问题中工件的最小化最大完成时间。实验结果表明，SCE 算法在求解置换 Flow Shop 调度问题上是有效的。

5.1 置换 Flow Shop 调度问题

5.1.1 问题描述

置换 Flow Shop 调度主要研究 n 个工件在 m 台机器上的流水加工过程。机器和工件分别记为 $M = \{M_1, M_2, \cdots, M_m\}$ 和 $J = \{J_1, J_2, \cdots, J_n\}$，通常该类问题可表示为 $n/m/P/T_{\max}$。其中，P 为工件在机器上的加工时间；T 为工件的最后完成时间。每个工件包括一组序列操作 $J_i = \{O_{i1}, O_{i2}, \cdots, O_{im}\}$，

且在各机器上加工顺序一样。每台机器上加工的各工件的顺序也相同，同时规定每个工件在每台机器上只加工一次，每台机器在某一时刻只能加工一个工件且不能被中断，各工件在各机器上的处理时间和准备时间已知，要求得到一个较好的调度方案，使得某项指标最优。

5.1.2 数学模型

置换 Flow Shop 调度的数学模型如下：
（1）p_{ij} 为工件 i 在机器 j 上的处理时间。
（2）θ_{ij}^{k} 为机器 k 上处理完工件 i 之后接着处理工件 j 所需的时间。
（3）T_i 为工件 i 的完成处理的时间。
（4）D_i 为工件 j 的计划完成时间。

不失一般性，假定每个工件按机器 $1\sim m$ 的顺序进行加工，令 $\pi=(\sigma_1,\sigma_2,\cdots,\sigma_n)$ 为所有工件的一个排序，则以求解最小化最大完成时间为目标的置换 Flow Shop 调度可表示为

$$f(\pi)=\min(T_{\sigma_n,m}) \tag{5.1}$$

其中约束条件为

$$\begin{cases} T_{\sigma_1,1}=p_{\sigma_1,1} \\ T_{\sigma_j,1}=T_{\sigma_{j-1},1}+\theta^1_{\sigma_{j-1},\sigma_j}+p_{\sigma_j,1}, \; j=1,2,\cdots,n \\ T_{\sigma_1,i}=T_{\sigma_1,i-1}+p_{\sigma_1,i}, \; i=2,3,\cdots,m \\ T_{\sigma_j,i}=\max\{T_{\sigma_{j-1},i}+\theta^i_{\sigma_{j-1},\sigma_j},T_{\sigma_j,i-1}\}+p_{\sigma_j,i}, \; i=2,3,\cdots,m; j=2,3,\cdots,n \end{cases} \tag{5.2}$$

5.2 基于 SCE 算法的置换 Flow Shop 调度算法

5.2.1 编码策略

结合置换 Flow Shop 调度的特点，本书使用实数编码的方式。用工件

的排序序列来代表一个个体的解，其中序列的每个字符代表一个工件的编号，且每一个字符只能出现一次。假设 8 个工件的置换 Flow Shop 一序列为 [2 5 6 4 7 3 1 8]，其代表了编码后算法的一个合法解，序列中每个字符出现的顺序代表了工件加工的次序。

5.2.2　映射策略

SCE 算法通常用于求解连续优化问题，而置换 Flow Shop 调度是典型的组合优化问题，其解空间是离散的。故不能直接将 SCE 算法用于求解置换 Flow Shop 调度，为使得 SCE 算法能够成功用于求解该类问题，本书采用 LOV 映射机制，将 SCE 算法的变量与置换 Flow Shop 调度问题的变量对应起来。具体的映射机制如图 5.1 所示。

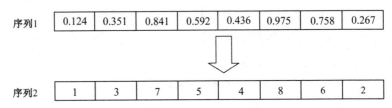

图 5.1　连续空间到离散空间解的映射

SCE 算法在连续空间中产生一解如序列 1，然后按从小到大的顺序对其进行排序，同时记录每个数在序列 1 中的位置。将排好序的序列按其序号分别填入对应的位置上，如序列 2，序列 2 即为 SCE 算法在置换 Flow Shop 调度中所代表的解个体。

5.2.3　适应度函数

根据前面建立的置换 Flow Shop 调度的模型，其对应的目标函数可定义为

$$f = \min[\max(T_{s_{m,i},m})], \quad 0 \leqslant i \leqslant m \tag{5.3}$$

5.2.4　算法复杂度分析

已知工件数目为 N，机器数目为 M，同时 SCE 算法中各参数的取值已确定。从算法流程中可以看出，求解置换 Flow Shop 调度的算法主要由四部分组成。第一部分计算目标函数值，其复杂度为 $O(pmMN)$；第二部分对整个个体进行排序，最坏情况下其复杂度为 $O(pm*pm)$；第三部分为复合体进化部分，即 CCE 算法部分，CCE 算法主要由两部分组成：其中一部分为 q 个个体排序，最坏情况下其复杂度为 $O(q^2)$，另一部分为 m 个个体进行排序，最坏情况下其复杂度为 $O(m^2)$，整个 CCE 算法迭代 β 次，其复杂度可以表示为 $O(\beta)*(O(q^2)+O(m^2))$，约为 $O(m^2)$；第四部分为进化后的整个个体混洗排序，其复杂度为 $O(pm*pm)$。

根据上面的分析，结合式（4.5）中各参数之间的关系，n 为工件数目 N。在整个算法迭代 k 次的情况下，用于求解 Job Shop 调度问题的 SCE 算法的复杂度为

$$O(p,m,q,\alpha,\beta,M,N)$$
$$=O(k)*[\,O(pmMN)+O(pm*pm)+O(m^2)+O(pm*pm)]$$
$$=O[p(2N+1)MN]+O[p^2(2N+1)^2]+O[(2N+1)^2]+O[p^2(2N+1)^2]$$
$$\approx O(MN^2+N^2)$$

5.3　实验仿真与结果分析

为验证算法的有效性，本书选取 8 个 Car 类和 21 个 Rec 类标准置换 Flow Shop 调度问题进行测试，同时将其与 DE、PSO、GA 等优化方法进行比较。算法代码采用 MATLAB 编写，运行环境为 Windows XP Professional，CPU 1.73GHz，内存 1GB。实验数据来源于文献[103]。每个算法分别对各个测试问题运行 20 次，结果如表 5.1～表 5.4 所示。其中，$C*$ 为已知最优解；Best 为算法获取的最优解；Average 为算法获取的平均解；BRE 为最优相对误差；ARE 为平均相对误差，具体定义如下：

$$\mathrm{BRE}=\frac{\mathrm{Best}-C*}{C*}\times100\%$$

$$\mathrm{ARE}=\frac{\mathrm{Average}-C*}{C*}\times100\%$$

在表 5.1 中，SCE 算法在求解 Car 类型的调度问题上都能够获得理论最优解。图 5.2、图 5.4、图 5.6 所示分别为 Car3、Car4 和 Car8 的一个最优调度的甘特图，图 5.3、图 5.5、图 5.7 所示分别为 SCE 算法在求解 Car3、Car4 和 Car8 等问题时的迭代过程。可以看出，在参数一定的条件下，SCE 算法都可以有效地收敛到最优解。

表 5.1　Car 类型标准测试结果　　　　　　　　　　单位

问题	n	m	C^*	Best	p	CPU time	迭代次数
Car1	11	5	7038	7038	2	0.800848	11
Car2	13	4	7166	7166	4	0.595898	13
Car3	12	5	7312	7312	22	2.508121	13
Car4	14	4	8003	8003	5	1.039908	15
Car5	10	6	7720	7720	44	2.426297	9
Car6	8	9	8505	8505	23	1.530502	13
Car7	7	7	6590	6590	4	0.361146	12
Car8	8	8	8366	8366	4	0.762896	23

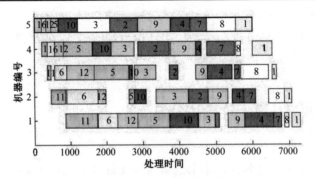

图 5.2　Car03 的最优调度甘特图

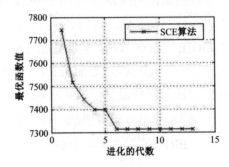

图 5.3　Car03 的迭代过程

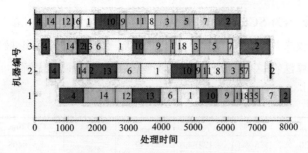

图 5.4　Car04 的最优调度甘特图

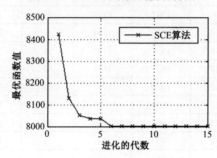

图 5.5　Car04 的迭代过程

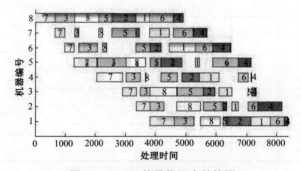

图 5.6　Car08 的最优调度甘特图

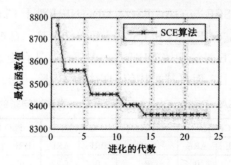

图 5.7　Car08 的迭代过程

表 5.2 所示为 SCE 算法求解 Rec 类调度问题时解的情况，Rec 类调度问题是一类较大规模的调度问题，一般算法很难求得其理论最优解。可以看出，SCE 算法在这类问题上也能够得到良好的近似最优解。

表 5.2 Rec 类型标准测试结果　　　　　　　　　单位

问题	n	m	C^*	Best	p	CPU time	迭代次数
Rec01	20	5	1247	1249	5	1.578408	16
Rec03	20	5	1109	1111	4	1.070501	14
Rec05	20	5	1242	1245	26	3.334830	8
Rec07	20	10	1566	1584	6	2.774322	21
Rec09	20	10	1537	1549	13	3.242590	13
Rec11	20	10	1431	1447	33	3.251659	6
Rec13	20	15	1930	1967	15	3.236850	11
Rec15	20	15	1950	1995	03	1.096797	16
Rec17	20	15	1902	1958	27	3.365273	7
Rec19	30	10	2093	2147	11	4.558326	11
Rec21	30	10	2017	2077	14	4.964390	9
Rec23	30	10	2011	2068	4	2.992384	19
Rec25	30	15	2513	2614	13	4.603716	9
Rec27	30	15	2373	2449	10	4.789263	12
Rec29	30	15	2287	2377	18	5.279713	8
Rec31	50	10	3045	3217	7	6.719934	10
Rec33	50	10	3114	3167	11	8.044004	8
Rec35	50	10	3277	3280	6	7.062119	12
Rec37	75	20	4951	5352	3	11.019218	15
Rec39	75	20	5087	5398	1	7.567405	25
Rec41	75	20	4960	5354	3	13.010834	15

表 5.3 所示为 SCE 与 GA、PSO、DE、NEH 对于 Car 类测试问题的对比结果，可以看出，SCE 算法和 PSO、DE 算法一样，都能够求得问题的最优解。在求解时 SCE 算法相比 NEH 和 GA 算法，具有更好的性能，不仅表现在最优值的求解上，而且其平均值的指标比较小。

表 5.3 SCE 与 GA、PSO、DE、NEH 对于 Car 类测试问题的对比结果　　　单位

问题	n	m	SCE 算法		NEH[103]	GA[103]		PSO 算法		DE 算法	
			BRE	ARE	BRE	BRE	ARE	BRE	ARE	BRE	ARE
Car1	11	5	0	0	0	0	0.27	0	0	0	0
Car2	13	4	0	0	2.93	0	4.07	0	0	0	0

续表

问题	n	m	SCE 算法		NEH[103]	GA[103]		PSO 算法		DE 算法	
			BRE	ARE	BRE	BRE	ARE	BRE	ARE	BRE	ARE
Car3	12	5	0	1.20	1.79	1.19	2.95	0	1.21	0	0.92
Car4	14	4	0	0	0.39	0	2.36	0	0	0	0
Car5	10	6	0	1.48	4.24	0	1.46	0	0.86	0	0.61
Car6	8	9	0	0.76	3.62	0	1.86	0	0.50	0	0.76
Car7	7	7	0	0	6.34	0	1.57	0	0.82	0	0
Car8	8	8	0	0.51	1.09	0	2.59	0	0.64	0	0

对较大规模的调度问题的比较结果如表 5.4 所示，可以看出，SCE 算法无论在 BRE 还是 ARE 指标下，其性能都优于 NEH、GA、PSO。在求解最优解时，DE 算法在个别问题上的效果要优于 SCE 算法，但是随着问题规模的增大，SCE 算法的效果要好于 DE 算法。

表 5.4　SCE 与 GA、PSO、DE、NEH 对于 Rec 类测试问题的对比结果　　单位

问题	n	m	SCE 算法		NEH[103]	GA[103]		PSO 算法		DE 算法	
			BRE	ARE	BRE	BRE	ARE	BRE	ARE	BRE	ARE
Rec01	20	5	0.1	0.96	8.42	2.81	6.96	0.1	3.12	0.32	0.88
Rec03	20	5	0.18	0.18	6.58	1.89	4.45	0.18	1.44	0.18	1.08
Rec05	20	5	0.24	2.49	4.83	1.93	3.82	0.24	1.85	0.24	1.12
Rec07	20	10	1.11	4.02	5.36	1.15	5.31	1.1	2.74	1.1	2.49
Rec09	20	10	0.7	0.78	6.77	3.12	4.73	1.04	3.38	1.3	2.86
Rec11	20	10	1.12	6.77	8.25	3.91	7.39	1.32	5.38	0.97	5.17
Rec13	20	15	1.917	2.84	7.62	3.68	5.97	1.917	3.83	1.86	4.35
Rec15	20	15	2.3	2.30	4.92	2.21	4.29	2.3	3.17	2.0	3.84
Rec17	20	15	2.9	7.67	7.47	3.15	6.08	3.4	5.94	1.36	4.52
Rec19	30	10	2.58	4.44	6.64	4.01	6.07	4.77	6.88	4.39	5.73
Rec21	30	10	2.97	5.99	4.56	3.42	6.07	3.81	6.69	3.96	7.43
Rec23	30	10	2.8	2.98	10.0	3.83	7.46	3.9	6.01	3.43	4.57
Rec25	30	15	4.0	6.92	6.96	4.42	7.20	4.77	8.23	4.37	7.68
Rec27	30	15	3.20	6.15	8.51	4.93	6.85	4.97	7.03	5.01	7.58
Rec29	30	15	3.93	6.07	5.42	6.21	8.48	6.25	8.70	5.55	8.65
Rec31	50	10	5.64	7.58	10.28	6.17	8.02	7.29	9.03	6.83	10.18
Rec33	50	10	1.70	2.56	4.75	3.08	5.12	3.46	5.55	3.88	4.46
Rec35	50	10	0.09	0.88	5.01	1.46	3.30	1.22	2.89	1.58	3.05
Rec37	75	20	8.1	8.60	7.80	6.56	8.72	11.9	13.9	11.53	13.67
Rec39	75	20	6.11	6.29	7.71	6.39	7.57	9.75	11.6	9.61	11.71
Rec41	75	20	7.94	10.56	9.58	7.42	8.92	12.17	13.75	12.09	13.77

图 5.8 所示为 SCE 算法和其他各算法在求解 Car 和 Rec 类问题时 BRE 指标的比较。其中，1～8 分别为 Car1～Car8；9～21 分别为 Rec01～Rec41。从图中可以看出，SCE 算法在求解置换 Flow Shop 调度问题上比其他算法更加有效。

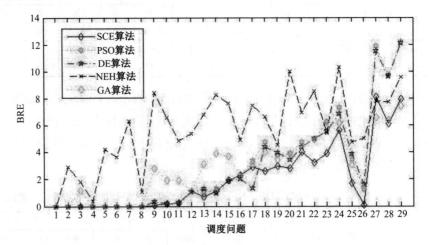

图 5.8   各算法最优结果的相互比较

5.4   小结

本章以求解置换 Flow Shop 调度中 makespan 为目标，研究了 SCE 算法在置换 Flow Shop 调度问题中的应用，测试了 SCE 算法在该类调度问题上的性能。同时通过合理的编码机制将连续空间中的变量映射到离散空间中，有效解决了连续定义域的优化算法在组合优化问题中的应用。从实验结果可以看出，SCE 算法在求解置换 Flow Shop 调度问题时是有效的。如何提高该算法在求解较大规模的调度问题时的精确性是以后的主要内容。

第 6 章

动态预测调度模型求解方法

• • • • • • • •

6.1 预测调度模型

预测调度由预测模型、滚动优化和反馈矫正组成。在执行预测调度的时候，关键就是构建预测模型的方法。预测模型是组成预测调度的一部分，预测模型求得的解的质量会影响预测调度的精确性。

文献[104]提出了一种新的动态调度方法。这种调度方法的核心就是使用数学统计预测方法来构建预测模型。用在预测调度中使用这种模型得到的预测结果来指导调度。把实例和判决准则相结合进行仿真，实验结果显示以数学统计预测方法构建的预测模型在预测调度中的应用是可行的，并且从 7 种数学统计预测方法中选出表现最好的一种预测方法。由于整个预测过程是一个动态的过程，而这种数学统计预测模型的参数变化时刻影响预测结果的精确性，所以对该数学统计预测模型求最优解就成为提高预测结果精确度的关键问题。

在实际生产中，不确定性干扰直接影响参数变化情况。为了克服这种不确定干扰，需要从参数变化产生的预测信息中选择和实际值差最小的值作为最后的预测结果。使用该预测结果指导调度会提高调度的准确性。本文提出用 Scatter Search（SS）算法对 Winter's Method（WM）构建的预测模型中的参数进行优化，通过参数的优化影响预测结果的精确性，利用 SS 算法的搜索能力提高预测结果的准确度。

6.2　预测调度方法

以数学统计预测方法 WM 构建的预测模型由 4 个子模型组成，其中平滑指数、曲线变化和季节变化分别受到 α、β、γ 3 个参数的影响，α、β、γ 3 个参数变化会产生大量的预测结果。本书提出用 SS 算法对 α、β、γ 3 个参数进行优化，这样就会快速屏蔽参数影响的干扰，寻找到最精确的预测值。

SS 算法是一种亚启发式算法策略，它能够促使目标函数产生最优解，而且算法本质是将组合规则和问题约束结合起来的一种策略机制，可以解决组合优化的问题。本书中的预测模型主要受到平滑指数、曲线变化和季节变化 3 个参数的影响，利用 SS 算法的特点对 3 个参数以组合的方式进行优化，求预测模型的最优解。

6.3　预测模型和 Scatter Search 算法

6.3.1　预测模型

这里选择的 Winter's Method 是 Holt's Method 的进一步发展。在解决曲线问题的基础上，引入季节变化估计，公式如下：

$$L_t = \alpha Y_t / S_{t-1} + (1-\alpha)(L_{t-1} + T_{t-1}) \tag{6.1}$$

$$T_t = \beta(L_t - L_{t-1}) + (1-\beta)T_{t-1} \tag{6.2}$$

$$S_t = \gamma Y_t / L_t + (1-\gamma) S_{t-l} \tag{6.3}$$

$$F_{t+P} = (L_t + PT_t) S_{t-l*P} \tag{6.4}$$

$$0<\alpha<1,\quad 0<\beta<1,\quad 0<\gamma<1 \tag{6.5}$$

式中，L_t 是新的平滑值；α 是平滑指数；Y_t 是时间 t 内的实际数据；β 是曲线估计的平滑指数；γ 是季节变化估计的平滑指数；T_t 是曲线估计；S_t 是季节变化估计；P 是预测时间间隔；l 是季节变化长度；F_{t+P} 是未来时间 P 的预测值。这个方法开始的时候，曲线估计 T_t、季节变化估计 γ 和季节变化长度 l 必须给定，平滑指数 L_t 的初始值设置为首个观察值，曲线估计 T_t 的初始值设置为 0，这里 α、β、γ 通过反复实验的方法来选择。

6.3.2　Scatter Search 算法

Scatter Search 采用基于种群的全局优化策略。先通过对解多样性的不断增加扩大优秀解的数量。然后不断对解进行更新迭代以获得更多多样性解。这样得出的解就容易具备高质量的特性。

1. SS 算法结构

（1）分散点产生方法（Diversification Method），用于产生初始的参考点集 P。

（2）解提高方法（Improvement Method），用于对点集进行优化，找出临近最优解。

（3）参考点更新方法（Reference Set Update Method），解经提高方法优化后需要更新初始点集 b，同时划分为两个子集，b_1 用于储存最优解，b_2 用于存储分散解。

（4）子集产生方法（Subset Generation Method），将参考点集中的点按照一定规则合并成小的点集，以备点结合方法使用。

（5）合并解集方法（Solution Combination Method），按照一定规则合并解集。这样合并的解集就含有质量较高的解。

2．SS 算法流程图

SS 算法流程如图 6.1 所示。

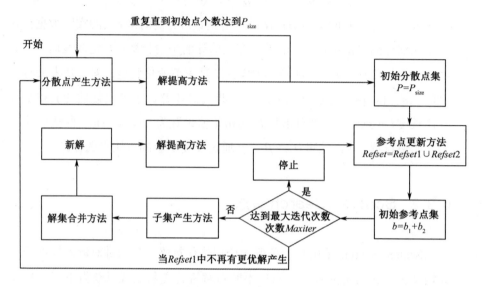

图 6.1　SS 算法流程

3．算法理论

1）分散点产生方法

由于新解都是基于此初始参考点集产生，所以初始点集的解在整个空间中需要均布而分散。这里可以采用多种不同方法生成初始参考点，包括实验设计与随机撒点等。本书采用的方法是对于一个有 n 个变量的优化问题，将每一个变量域 $u_i - l_i$ 均分为 n 个子域，初始解将分两步产生：①随机地选择每个变量的变量域；②在子域中随机产生初始点集，在每个变量域中生成的点的个数与该变量域被选中的解概率成反比。也就是说随着初始点的增多，每个变量的子域中都将产生大致相同个数的初始点，直到产生的初始点个数达到 P_{size} 为止。这里并没有计算初始参考点集的函数值，而是着重考虑参考点集在空间中的分散性。

2）解提高方法

分散点产生方法产生的点中并没有计算目标函数的函数值，为了能够优化初始分散点，采用了解的提高方法对初始分散点进行局部寻优。这里在分散搜索中采用了下山单纯形法对每一个分散点进行临近寻优，然后将优化后的解替代原来的解重构初始分散点集。解的提高方法在 SS 整个算法中是一个重要环节，在接下来的每一次迭代寻优过程中都将被执行。

3）参考点更新方法

创建一个参考点集 $\mathrm{Re}\,fset$，以及用于存放高质量的解 $\mathrm{Re}\,fset1$ 和分散性的解 $\mathrm{Re}\,fset2$。参考点集的 $\mathrm{Re}\,fset$ 的大小为 b，高质量解 $\mathrm{Re}\,fset1$ 的大小为 b_1，分散性解 $\mathrm{Re}\,fset2$ 的大小为 b_2，$\mathrm{Re}\,fset = \mathrm{Re}\,fset1 \cup \mathrm{Re}\,fset2$，$b = b_1 + b_2$。

首先，从参考点集 $\mathrm{Re}\,fset$ 中选出 b_1 个高质量解，此时剩余的集合为 $P - \mathrm{Re}\,fset1 = \left\{ Y_1, Y_2, \cdots, Y_{P\mathrm{size}-b_1} \right\}$。

其次，计算 $P - \mathrm{Re}\,fset1$ 中每一个点 y_i 到 $\mathrm{Re}\,fset1$ 中所有高质量点 X_j 的欧氏距离 $d_{ij}(y_i)$，记录其中最小的欧氏距离 $\min d_{ij}(y_i)$，然后选出 $P - \mathrm{Re}\,fset1$ 中最小欧氏距离值最大的点 $\max\left[\min d_{ij}(y_i)\right]$，将这个点加入 $\mathrm{Re}\,fset2$ 中。重复第二个步骤直至将整个 $\mathrm{Re}\,fset2$ 填满为止。

当初始的参考点集构造好以后，进入迭代过程，循环中解集合并方法的使用将使得参考点集 $\mathrm{Re}\,fset$ 进行动态更新，当且仅当解集合并方法产生的新点满足以下两个条件其中之一时：

（1）当新解的目标函数值优于高质量集 $\mathrm{Re}\,fset1$ 中函数值最差的点时，将此点加入 $\mathrm{Re}\,fset1$，同时删除 $\mathrm{Re}\,fset1$ 中的最差点。

（2）当新解的 $\max\left[\min d_{ij}(y_i)\right]$ 值优于分散点集 $\mathrm{Re}\,fset2$ 中最差点的 $\max\left[\min d_{ij}(y_i)\right]$ 时，将此点加入 $\mathrm{Re}\,fset2$，同时删除 $\mathrm{Re}\,fset2$ 中的最差点。

在这两种情况下，新解将替代原参考点集中最差的解，同时更新后的参考点集将根据函数值与分散度进行重新排序。

4）子集产生方法

子集产生方法将参考点集中的点按照一定规则合并成小的点集，以备解集结合方法使用。子集产生方法将按照以下原则产生不同类型的新的点集：

（1）任意两个点结合形成 2 元素集合。

（2）将参考点中目标函数值最优的解加入到所有 2 元素集合中，构成 3 元素集合。

（3）将剩余参考点中目标函数值最优的解加入到所有 3 元素集合中，构成 4 元素集合。

（4）当 $5 \leqslant i \leqslant b$ 时，将所有参考点中目标函数值最优的前 i 个解加入到 i 元素结合中，构成 i 元素集合对于两元素的集合，若参考点个数为 b，那么共产生 $C_b^2 = b(b-1)/2$ 个两元素集合，而以后的多元素集合都将在所有 2 元素集合上生成。基于以上方法产生的集合有的时候可能会重复，本书结合约束条件产生唯一的所有子集合。

5）合并解集方法

本书先使用一种线性的合并方法在子集中对解进行处理，然后再对子集进行合并。每一个子集中都会产生多个新解。线性产生新解的数量是由子集中两个合并元素的关系决定的，子集中两个元素的关系有以下 3 种形式，假设两个参考解为 X_a 与 X_b：

$$C1: X = X_a - d \tag{6.6}$$

$$C2: X = X_a + d \tag{6.7}$$

$$C3: X = X_b + d \tag{6.8}$$

式中，$d = r(X_b - X_a)/2$，r 为在（0，1）间产生的随机数。以下 3 条准则用于产生新解：

（1）如果 X_a 与 X_b 都是高质量点集 Re $fset1$ 中的元素，那么产生 4 个新解，使用 $C1$、$C3$ 各一次，使用 $C2$ 两次。

（2）如果 X_a 与 X_b 只有一个使高质量点集 Re $fset1$ 中的元素，那么产生 3 个新解，使用 $C1$、$C2$、$C3$ 各一次。

（3）如果 X_a 与 X_b 都不在高质量点集 Re $fset1$ 中，那么产生 2 个新解，使用 $C2$ 一次，另外一个新解由 $C1$ 或者 $C3$ 产生。

4．算法步骤

通过代码程序的方式描述 SS 算法在对预测模型求解的过程。本书将预测模型设为目标函数，α、β、γ3 个参数为自变量进行求解。

算法代码参数如下：

MaxIter：算法总迭代次数。

Psize：初始阶段由分散点方法产生的分散点个数。

b：Re $fset1$ 参考点个数。

$b1$：高质量点集 Re $fset1$ 参考点个数。

$b2$：分散点集 Re $fset1$ 参考点个数。

$n$var：变量维数。

LowerBound：变量下界。

UpperBound：变量上界。

5. 伪代码程序

①$|P|=0$，采用分散点产生方法产生初始解 x。用提高方法对初始解 x 进行处理得到提高的解 x^*。

If x 不 $\in^* P$，将 x^* 添加到 P 中。**Else** 　删除 x^*。重复直到 $|P|=P$size。

②对 P 中所有元素根据函数值进行排序，函数值最优的排在第一位。

For（$Iter=1,2,\cdots$, Max$Iter$）

③根据参考点更新方法在 P 中构造 Re $fset1$ = Re $fset1$. Re $fset2$，$|$Re $fset1|=b$，$|$Re $fset1|=b1$，$|$Re $fset2|=b2$。开启新元素标记 $Newelements$ = $ture$。

While（$Newelements$）　**do**

④当有新元素产生时，记录至少含有一个新解的所有子集的个数 Max$subset$。关闭新元素标记

$Newelements=False$

For（Subset$Iter=1,2, \cdots$, Max$subset$）

⑤根据子集产生方法开始产生四种类型的子集，这些子集的元素个数从 2 到$|$Re $fset|$。

⑥根据解集合并方法在子集中产生一个或多个新解 x_s。

⑦采用解提高方法对产生的新解 x_s 进行局部优化形成更优解 x_s^*。

If（x_s^* 不在参考集 Re $fset1$ 中，并且其函数值优于 Re $fset1$ 中的最差点的函数值）。

⑧将 x_s^* 添加到 Re $fset1$ 中，并删除 Re $fset1$ 中的最差点。

Newelements=Ture

else

⑨**If**（x_s^* 没有在 Re $fset2$ 中，并且 $\max\{d_{ij}(x_s^*)_{\min}\}$ 大于 Re $fset2$ 中最小的 $\max\{d_{ij}(y)_{\min}\}$）

⑩x_s^* 加入到 Re $fset2$ 中并删除 Re $fset1$ 中的最差点

⑪*Newelements=Ture*

End If

End If

End For

End While

6.4　实验仿真与结果分析

在某工厂生产某种零件的环境下，以零件的直径作为预测目标。生产线的一台稳定机器在一天内生产该零件 500 个，将这 500 个直径数据作为观察值。

实验通过使用 SS 算法前后情况和误差情况的比较，显示 SS 算法对预测模型求最优解的能力和利用该方法提高预测结果的精确度的可行性。

6.4.1　实验相关参数

参数设置如表 6.1 所示。

表 6.1　参数设置

模型和算法	参数
WM	$\alpha=0.3$　$\beta=0.4$　$\gamma=0.3$　$P=1$　$l=1$
Scatter Search	$b_1=6$　$b_2=6$　$P_{size}=12$

6.4.2 预测结果

表 6.2、图 6.2 和图 6.3 所示为未使用 SS 算法的 WM 和使用了 SS 算法的 WM 得到的所有预测值。从表和图的比较中可以看出，SS 算法在本书中对 WM 的解比未使用 SS 算法时更加精确，从而提高了预测结果的精度。

表 6.2 预测结果和误差

实际值	WM		SS	
	预测	误差	预测	误差
10.06				
10.0	10.0222	0.0222	10.0015	0.0015
10.02	10.0136	0.0064	10.019	0.0010
9.98	9.9850	0.0050	9.9808	0.0008
9.99	9.9767	0.0133	9.9893	0.0007
10.15	10.0750	0.0750	10.1456	0.0044
10.18	10.1512	0.0288	10.1803	0.0003
10.10	10.1415	0.0415	10.1031	0.0031
10.03	10.0877	0.0577	10.0319	0.0019
10.06	10.0733	0.0133	10.0587	0.0013
10.0	10.0269	0.0269	10.0014	0.0014
9.89	9.9317	0.0417	9.8923	0.0023

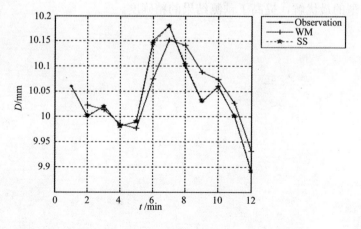

图 6.2 预测结果比较

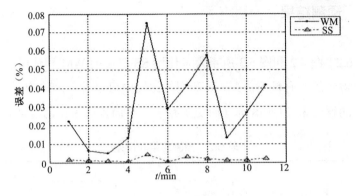

图 6.3　预测误差

6.5　小结

　　根据数学统计预测方法 Winter's Method 构建的预测模型受到参数变化的严重影响，解的选择会影响预测结果的精确性。本书提出使用 Scatter Search 算法对 Winter's Method 构建的预测模型求最优解。以预测模型为目标函数，平滑指数、曲线变化和季节变化 3 个参数为自变量，通过多次迭代计算的方式求出最接近实际值的最优解。实例仿真显示 SS 算法能够求出预测模型的最优解，提高了预测结果的精确度。

第 7 章

结 论

●●●●●●●●

现代制造企业面临来自市场、技术、环境和社会等各方面变化的挑战，新的制造环境对制造系统的优化、自适应性和可靠性提出了更高的要求。通过对现有制造系统及其控制结构的研究分析，发现现有的递阶控制和分布式制造控制结构都不能有效和协调地处理这些基本问题。适于敏捷制造模式的制造系统需要一种更为灵活的、具有柔性、可动态重构的制造控制结构，它是由一系列自主和协作的智能控制实体组成的动态递阶结构，这些智能控制实体能在动态多变的制造环境中自主决策，并通过交互和协调有效地处理系统内外的各种扰动以优化系统目标，获得制造系统的自适应性、动态重构和进化的能力。制造企业必须充分利用有限的资源，提高对市场变化的应变能力及生产率，这就要求企业的制造系统必须向敏捷化、智能化、集成化和全球化的方向方展。生产调度问题作为企业生产管理的首要任务，研究出快捷、高效的调度方法显得愈发重要。

7.1 研究总结

围绕博士后基金特别资助项目"Holonic 制造系统最优构型与动态调度

集成策略研究（2013T60889）"及博士后基金"动态 Holonic 制造系统重构机制及实时调度方法研究（2012M521802）"，本书针对复杂生产系统和控制系统，致力于基于 Holonic 制造系统的统一模型 DHMS 实现方法的研究，对 DHMS 系统的重构理论、系统调度模型及实现算法、车间动态调度模型及其求解算法及其原型仿真系统进行了研究，取得了如下研究成果。

（1）通过企业业务流程及 HMS 系统的深入分析和研究，提出了动态 Holonic 制造系统（Dynamic Holonic Manufacturing System，DHMS）重构模型及其实现方法，该模型从整个制造系统价值链，以及企业级运作的对象、过程、资源及信息等方面进行建模，为 Holon 体系开发了新的应用领域，将 Holonic 制造的研究提升到了一个新的高度；同时也拓展了企业业务流程的范畴，使企业间业务的战略考虑与具体的操作层实施结合起来。在基于 PSORA 参考模型的基础上确定了 DHMS 中 Holon 的种类：虚拟企业 Holon、成员企业 Holon、产品 Holon（PH）、任务 Holon（TH）、运行 Holon（OH）及在线监控 Holon（SH），并对其重构及实现技术进行了定义。

（2）提出了基于排队论的混合流水车间调度模型，将串行与并行排队系统相结合，对其调度规则进行形式化描述，证明了系统的稳定性，并对系统达到稳态工作状态的各目标参量所需条件及其概率特性进行了分析。以最小化工件等待时间为目标函数，通过上述方法对系统模型进行仿真计算，验证了该方法对混合流水车间调度问题是有效的。同时研究了可修排队系统，用概率母函数法对可修排队系统达到稳态工作状态的各目标参量所需条件及其概率特性进行了分析。最后，通过数值运算验证了该方法用于这类车间调度问题的分析是有效的。

（3）对 JSP 问题进行深入分析，以求解 JSP 中工件的最小、最大完成时间为目标，通过序列映射方式将连续定义域空间中的变量映射到离散的组合优化问题空间中，采用基于工序编码的方式进行编码，使用顺序插入解码机制对其解码。将改进的 SCE 算法用于求解经典 Job Shop 调度问题，并将结果与基本 SCE 算法进行比较。结果表明，改进的 SCE 算法在解决 Job Shop 调度问题上比基本 SCE 算法更加有效。

（4）研究了典型置换 Flow Shop 调度问题，以求解工件的最小、最大完成时间为目标，通过 LOV 机制将连续定义域空间中的变量映射到离散的组合优化问题空间中，对工件变量采用基于实数的编码方式编码。将 SCE 算法用于求解 29 个典型置换 Flow Shop 调度问题，并将其与已有的智能优化算法 PSO、DE、GA、NEH 等进行比较。结果表明，SCE 算法在求解该类调度问题上的整体性能要高于其他智能算法，验证了 SCE 算法在置换 Flow Shop 调度问题中的有效性。

（5）对 HMS 系统预测调度问题进行了研究，针对预测调度模型的动态特性，引入数理统计预测方法来构建预测模型，利用 SS（Scatter Search）算法对预测模型中的 3 个参数求最优解，优化的参数可以帮助预测模型得到精确的预测结果，预测结果可以提高预测调度的精确性。

7.2　研究展望

虽然本书对 DHMS 系统重构机制及其在生产调度和若干控制理论与控制工程问题上进行了较深入的研究，但仍然还有一些工作需要在今后的研究中加以补充和完善，可进一步展开的工作如下：

（1）DHMSA 系统的设计理论和实现方法。尽管 DHMSA 为制造系统的设计和实现提供了一个概念框架，但是组成系统的各基本 Holon 单元和辅助 Holon 的重构功能还需进一步深入研究。

（2）DHMS 系统重构组成的实际应用与现有制造系统的运行性能的比较。目前，国外一些学者已做了一些实验研究，得到了一些有意义的结论，但这些研究仍局限于实验室研究，未真正投入实际生产。

（3）JSP、FSP 及混合调度系统本身性能的数学表达，可通过随机过程模型，发现其演化规律，提出更加精确的调度与控制算法。

（4）本书中所采用的计算智能算法的理论拓展。研究确定性演化 SCE 等算法的收敛速度估计、有限时间性能、参数灵敏性等重要内容，并进一步探讨算法的适用域，为其在 DHMS 系统中的应用提供进一步的理论指导。

参 考 文 献

[1] GOYAL K K, JAIN P K, JAIN M. Optimal configuration selection for reconfigurable manufacturing system using NSGA II and TOPSIS[J]. International Journal of Production Research, 2012，50（15）：4175-4191.

[2] MUSHARAVATI F, HAMOUDA A M S. Simulated annealing with auxiliary knowledge for process planning optimization in reconfigurable manufacturing[J]. Robotics and Computer-Integrated Manufacturing, 2012, 28（2）:113-131.

[3] SAXENA L K, JAIN P K. A model and optimisation approach for reconfigurable manufacturing system configuration design[J]. International Journal of Production Research, 2012, 50（12）: 3359-3381.

[4] http://www.mech.kuleuven.ac.be/pma/project/imswg/wshop/hms_tech.html.

[5] VAN B H, et al. Reference architecture for Holonic manufacturing systems: PROSA[J]. Computers in Industry, 1998, 37（3）: 255-274.

[6] HSIEH F S, CHIANG C Y. Collaborative composition of processes in holonic manufacturing systems[J]. Computers in Industry, 2011, 62（1）: 51-64.

[7] ZHAO F, et al. A hybrid algorithm based on particle swarm optimization and simulated annealing to Holon task allocation for Holonic manufactur ing system[J]. International Journal of Advanced Manufacturing Technology, 2007, 32（9-10）: 1021-1032.

[8] PANESCU D ， PASCAL C. On a holonic adaptive plan-based architecture: planning scheme and holons' life periods[J]. International Journal of Advanced Manufacturing Technology, 2012, 63（5-8）: 753-769.

[9] GIRET A, BOTTI V. From system requirements to Holonic manufacturing system analysis[J]. International Journal of Production Research, 2006（44）: 18-19, 3917-3928.

[10] ADAM E, et al. Role-based manufacturing control in a Holonic multi-Agent system[J]. International Journal of Production Research, 2011, 49（Compendex）: 1455-1468.

[11] HMS C. Holonic Manufacturing System（HMS）Web Site, http://hms.ifw. uni. hannover.de/.

[12] BLANC P, DEMONGODIN I, CASTAGNA P. A holonic approach for manufacturing execution system design: An industrial application[J]. Engineering Applications of Artificial Intelligence, 2008, 21（3）: 315-330.

[13] HSIEH F S. Holarchy formation and optimization in holonic manufacturing systems with contract net[J]. Automatica, 2008, 44（4）: 959-970.

[14] WYNS J. Reference architecture for Holonic manufacturing[D]. PMA Division, Katholieke Universiteit, Leuven, Belgium,1999.

[15] VALCKENAERS P, VAN B H. Holonic manufacturing execution systems[J]. Cirp annals-manufacturing technology, 2005, 54（1）: 427-432.

[16] HSIEH F S. Collaborative reconfiguration mechanism for holonic manufacturing systems[J]. Automatica, 2009, 45: 2563-2569.

[17] MARKOLEFAS S. Standard Galerkin formulation with high order Lagrange finite elements for option markets pricing[J]. Applied Mathematics and Computation, 2008, 195（2）: 707-720.

[18] LANGER G, ALTING L. An architecture for agile shop floor control systems[J]. Journal of Manufacturing Systems, 2000, 19: 267-281.

[19] PAULO L T, RESTIVO F J. Implementation of a holonic control system in a flexible manufacturing system[J]. IEEE Transactions on Systems, Man and Cybernetics Part C: Applications and Reviews, 2008, 38（5）: 699-709.

[20] SIMAO J M, et al. Holonic control metamodel[J]. IEEE Transactions on Systems, Man and Cybernetics Part A:Systems and Humans, 2009, 39: 1126-1139.

[21] ZHAO F, et al. A hybrid particle swarm optimisation algorithm and fuzzy logic for process planning and production scheduling integration in holonic manufacturing systems[J]. International Journal of Computer Integrated Manufacturing, 2010, 23: 20-39.

[22] COVANICH W, MCFARLANE D. Assessing ease of reconfiguration of conventional and Holonic manufacturing systems: Approach and case study[J]. Engineering Applications of Artificial Intelligence, 2009, 22: 1015-1024.

[23] PAULO L T, FRANCISCO R. Adacor: A Holonic architecture for agile and adaptive manufacturing control[J]. Computers in Industry , 2006, 57（2）: 121-130.

[24] SIMAO J M, STADZISZ P C. Inference based on notifications: A holonic metamodel applied to control issues[J]. IEEE Transactions on Systems, Man and Cybernetics Part A: Systems and Humans, 2009, 39（1）: 238-250.

[25] HEIKKIA T, et al. Holonic control for manufacturing system:functional design of a manufacturing robot cell[J]. Integrated Computer-Aided Engineering,1997, 4（3）: 202-218.

[26] TAMAYA P I, DETAND J, KRUTH J P. Holonic machine controller: a study and implementation of Holonic behavior to current NC controller[J]. Computers in industry, 1997, 33（2-3）: 323-333.

[27] JARVIS J, RENNQUIST R, MCFARLANE D, et al. A team-based Holonic approach to robotic assembly cell control[J]. Journal of Network and Computer Applications, 2006, 29（2-3）: 160-176.

[28] OUNNAR F, PUJO P, MEKAOUCHE L, et al. Integration of a flat holonic form in an HLA environment[J]. Journal of Intelligent Manufacturing, 2009, 20（1）: 91-111.

[29] GAUD N, GALLAND S, GECHTER F, et al. Holonic multilevel simulation of complex systems: Application to real-time pedestrians simulation in virtual urban environment[J]. Simulation Modelling Practice and Theory, 2008, 16（10）: 1659-1676.

[30] 唐任仲, 陈子辰. 基于 Holon 制造原理的低成本自动化制造技术[J]. 中国机械工程, 1998, 9（6）: 22-25.

[31] 王成恩, 程凯. 基于自治及合作的整子制造系统[J]. 信息与控制, 1999, 28（3）: 190-196.

[32] 袁红兵. Holonic 制造系统模型及控制技术研究[D]. 南京: 南京理工大学, 2002.

[33] 王岩. 通用的可重构 Holonic 生产计划与控制系统（GR-HPPCS）研究[D]. 南京: 南京航空航天大学, 2005.

[34] 巢炎, 杨将新, 吴昭同, 等. HMS 工艺设计体系结构和应用模型研究[J]. 农业机械学报, 2006, 7（2）: 94-96, 101.

[35] 赵普, 郑力, 刘大成, 等. 基于代理的合弄控制系统的设计与开发[J]. 制造技术与机床, 2006, 2: 54-57.

[36] 陈庆新, 陈新度, 张平, 等. 制造网格环境下项目的自组织协商与协调[J]. 计算机集成制造系统, 2006, 12（10）: 1683-1692.

[37] 安蔚瑾, 郭伟, 于鸿彬. 面向中小企业的 Holonic 全过程制造执行系统研究[J]. 组合机床与自动化加工技术, 2006, 6: 102-106.

[38] 黄雪梅, 王越超, 谈大龙, 等. 基于 agent 及 Holon 的可重构生产线实现技术[J]. 东北大学学报（自然科学版）, 2004, 25（07）: 685-689.

[39] ZHAO F Q, WANG J Z, WANG J B, et al. A Dynamic Rescheduling Model with Multi-Agent System and Its Solution Method[J]. Journal of Mechanical Engineering, 2012, 58（2）: 81-92.

[40] ZHAO F, WANG J, TANG J. Research on dynamic rescheduling program base on improved contract net protocol[J]. Journal of Software, 2011, 6（5）: 798-805.

[41] ZHAO F Q, TANG J X, ZOU J H, et al. An Effective Hybrid Particle Swarm Optimization with Decline Disturbance Index for Expanded Job-shop Scheduling Problem（EJSSP）[J]. Electrical Review, 2012, 88（1b）: 34-38.

[42] 赵付青. 可重构制造系统-Holonic 制造系统建模、优化与调度方法[M]. 北京: 国防工业出版社, 2012.

[43] BLANC P, DEMONGODIN I, CASTAGNA P. A Holonic approach for manufacturing

execution system design: An industrial application[J]. Engineering Applications of Artificial Intelligence, 2008, 21（Compendex）: 315-330.

[44] BAL M, HASHEMIPOUR M. Virtual factory approach for implementation of Holonic control in industrial applications: A case study in die-casting industry[J]. Robotics and Computer-Integrated Manufacturing, 2009, 25（Compendex）: 570-581.

[45] HSIEH F S. Dynamic composition of Holonic processes to satisfy timing constraints with minimal costs[J]. Engineering Applications of Artificial Intelligence, 2009, 22 （Compendex）: 1117-1126.

[46] OVERMARS A H, TONCICH D J. Hybrid FMS control architectures based on Holonic principles[J]. International Journal of Flexible Manufacturing Systems, 1996, 8 （Compendex）: 263-278.

[47] DRIESSEL R, MONCH L. Variable neighborhood search approaches for scheduling jobs on parallel machines with sequence-dependent setup times, precedence constraints, and ready times[J]. Computers and Industrial Engineering, 2011, 61（2）: 336-345.

[48] LIU Z. Single machine scheduling to minimize maximum lateness subject to release dates and precedence constraints[J]. Computers and Operations Research, 2010, 37 （Compendex）: 1537-1543.

[49] TSENG L Y, LIN Y T. A hybrid genetic algorithm for no-wait flowshop scheduling problem[J]. International Journal of Production Economics, 2010, 128（1）: 144-152.

[50] YAZDANI M, AMIRI M, ZANDIEH M. Flexible job-shop scheduling with parallel variable neighborhood search algorithm[J]. Expert Systems with Applications, 2010, 37 （Compendex）: 678-687.

[51] CHE A, et al. A polynomial algorithm for multi-robot 2-cyclic scheduling in a no-wait robotic cell[J]. Computers and Operations Research, 2011, 38（Compendex）: 1275-1285.

[52] LOU P, ONG S K, NEE A Y C. Agent-based distributed scheduling for virtual job shops[J]. International Journal of Production Research, 2010, 48（Compendex）: 3889-3910.

[53] TOPTAL A, SABUNCUOGLU I. Distributed scheduling: A review of concepts and applications[J]. International Journal of Production Research, 2010, 48（Compendex）: 5235-5262.

[54] PAULO L T, RESTIVO F. A Holonic approach to dynamic manufacturing scheduling[J]. Robotics and Computer-Integrated Manufacturing, 2008, 24（Compendex）: 625-634.

[55] PAULO L T. A Holonic disturbance management architecture for flexible manufacturing systems[J]. International Journal of Production Research, 2011, 49（5）: 1269-1284.

[56] MADUREIRA A, SANTOS J. Inter-Machine Cooperation Mechanism for Dynamic Scheduling[J]. Technological Developments in Education and Automation, 2010:

483-488.

[57] IWAMURA K, et al. A Study on Real-time Scheduling for Holonic Manufacturing Systems-Application of Reinforcement Learning[J]. Service Robotics and Mechatronics, 2010: 201-204.

[58] BORANGIU T, et al. Open manufacturing control with agile reconfiguring of resource services[J]. Control Engineering and Applied Informatics, 2010, 12（4）: 10-17.

[59] MARIN F B, et al. Holonic Feedrate Scheduling[J]. Proceedings of the 13th International Conference Modern Technologies, Quality and Innovation: Modtech 2009 - New Face of Tmcr, 2009: 387-390.

[60] RENNA P. Multi-Agent based scheduling in manufacturing cells in a dynamic environment[J]. International Journal of Production Research, 2011, 49（Compendex）: 1285-1301.

[61] NEJAD H T N, SUGIMURA N, IWAMURA K. Agent-based dynamic integrated process planning and scheduling in flexible manufacturing systems[J]. International Journal of Production Research, 2011, 49（Compendex）: 1373-1389.

[62] RAILEANU S. Production scheduling in a Holonic manufacturing system using the open-control concept[J]. UPB Scientific Bulletin, Series C: Electrical Engineering, 2010, 72（Compendex）: 39-52.

[63] KATS V, LEVNER E. A faster algorithm for 2-cyclic robotic scheduling with a fixed robot route and interval processing times[J]. European Journal of Operational Research, 2011, 209（Compendex）: 51-56.

[64] GONG J, PRABHU V V, LIU W. Simulation-based performance comparison between assembly lines and assembly cells with real-time distributed arrival time control system[J]. International Journal of Production Research, 2011, 49（Compendex）: 1241-1253.

[65] BABICEANU R F, CHEN F F. Distributed and centralised material handling scheduling: Comparison and results of a simulation study[J]. Robotics and Computer-Integrated Manufacturing, 2009, 25（2）: 441-448.

[66] OUNNAR F, PUJO P. Pull control for job shop: holonic manufacturing system approach using multicriteria decision-making[J]. Journal of Intelligent Manufacturing, 2012, 23（1）: 141-153.

[67] PAULO L T, MARIK V, VRBA P. Past, Present and Future of Industrial Agent Applications[J]. Ieee Transactions on Industrial Informatics, 2013, 9（4）: 2360-2372.

[68] CARDIN O, CASTAGNA P. Using online simulation in Holonic manufacturing systems[J]. Engineering Applications of Artificial Intelligence, 2009, 22（7）: 1025-1033.

[69] JAFARI D, HUSSEINI S M M, ZARANDI M H F, et al. Coordination of order and

production policy in buyer-vendor chain using PROSA Holonic architecture[J]. International Journal of Advanced Manufacturing Technology, 2009, 45（9-10）: 1033-1050.

[70] ALI O, VALCKENAERS P, VAN B J, et al. Towards online planning for open-air engineering processes[J]. Computers in Industry, 2013, 64（3）: 242-251.

[71] HE N, ZHANG D Z, LI Q. Agent-based hierarchical production planning and scheduling in make-to-order manufacturing system[J]. International Journal of Production Economics, 2014, 149: 117-130.

[72] SHOHAM Y. Agent oriented programming[J], Artificial Intelligence, 1993, 60: 51-92.

[73] JANA T K, BAIRAGI B, PAUL S, et al. Dynamic schedule execution in an agent based holonic manufacturing system[J]. Journal of Manufacturing Systems, 2013, 32（4）: 801-816.

[74] POLYAKOVSKIY S, M'HALLAH R. A multi-agent system for the weighted earliness tardiness parallel machine problem[J]. Computers & Operations Research, 2014, 44: 115-136.

[75] OWLIYA M, SAADAT M, JULES G G, et al. Agent-Based Interaction Protocols and Topologies for Manufacturing Task Allocation[J]. IEEE Transactions on Systems Man Cybernetics-Systems, 2013, 43（1）: 38-52.

[76] YEUNG W L. Agent-based manufacturing control based on distributed bid selection and publish-subscribe messaging: a simulation case study[J]. International Journal of Production Research, 2012, 50（22）: 6339-6356.

[77] AUFENANGER M, LIPKA N, KLOEPPER B, et al. A Knowledge-Based Giffler-Thompson Heuristic for Rescheduling Job-Shops[C]. IEEE Symposium on Computational Intelligence in Scheduling, 2009.

[78] MAEDA J, SUZUKI T, TAKAYAMA K. Novel Method for Constructing a Large-Scale Design Space in Lubrication Process by Using Bayesian Estimation Based on the Reliability of a Scale-Up Rule[J]. Chemical & Pharmaceutical Bulletin, 2012, 60（9）: 1155-1163.

[79] SEIDMANN A, SCHWEITZER P J. Part selection policy for a flexible manufacturing cell feeding several production lines[J]. IIE transactions, 1984, 16（4）: 355-362.

[80] SEIDMANN A, TENENBAUM A. Throughput maximization in flexible manufacturing systems[J]. IIE transactions, 1994, 26（1）: 90-100.

[81] CHEN J T. Queuing models of certain manufacturing cells under product-mix sequencing rules[J]. European Journal of Operational Research, 2008, 3（188）: 826-837.

[82] NEUTS M F. Matrix-geometric solutions in stochastic models: an algorithmic approach[J]. Journal of the American Statistical Association , 1995, 77（379）: 293-309

[83] DO T V. A new solution for a queuing model of a manufacturing cell with negative customers under a rotation rule[J]. Performance Evaluation, 2011, 4（68）: 330-337.

[84] CHAKKA R, DO T V. The $\sum_{k=1}^{k} CPP_k / GE / c / LG$ -queue with heterogeneous servers: steady state solution and an application to performance evaluation[J]. Perform. Eval, 2007, 64（3）: 191-209.

[85] FOURNEAU J M, PLATEAU B, STEWART W J. An algebraic condition for product form in stochastic automata networks without synchronizations[J]. Performance Evaluation, 2008, 65（11）: 854-868.

[86] GELENBE E, KAHANE J P. Fundamental concepts in computer science[D]. Lodon: Imperial College, 2009.

[87] GELENBE E, MITRANI I. Analysis and synthesis of computer systems[C]. Lodon: World Scientific, 2010.

[88] TAKEMOTO Y, ARIZONO I. Production allocation optimization by combining distribution free approach with open queueing network theory[J]. International Journal of Advanced Manufacturing Technology, 2012, 63（1-4）: 349-358.

[89] HADDADZADE M, RAZFAR M R, ZARANDI M H F. Integration of process planning and job shop scheduling with stochastic processing time[J]. International Journal of Advanced Manufacturing Technology, 2014, 71（1-4）: 241-252.

[90] ZHANG Q, MANIER H, MANIER M A. A modified shifting bottleneck heuristic and disjunctive graph for job shop scheduling problems with transportation constraints[J]. International Journal of Production Research, 2014, 52（4）: 985-1002.

[91] GEYIK F, DOSDOGRU A T. Process plan and part routing optimization in a dynamic flexible job shop scheduling environment: an optimization via simulation approach[J]. Neural Computing & Applications, 2013, 23（6）: 1631-1641.

[92] GHOLAMI O, SOTSKOV Y N. A fast heuristic algorithm for solving parallel-machine job-shop scheduling problems[J]. International Journal of Advanced Manufacturing Technology, 2014, 70（1-4）: 531-546.

[93] DUAN Q Y, GUPTA V K, SOROOSHIAN S. Shuffled complex evolution approach for effective and efficient global minimization[J]. Journal of Optimization Theory and Application,1993,76（03）: 501-521

[94] FLAPPER S D, GAYON J P, LIM L L. On the optimal control of manufacturing and remanufacturing activities with a single shared server[J]. European Journal of Operational Research, 2014, 234（1）: 86-98.

[95] KRISTIANTO Y, GUNASEKARAN A, JIAO J X. Logical reconfiguration of reconfigurable manufacturing systems with stream of variations modelling: a stochastic

two-stage programming and shortest path model[J]. International Journal of Production Research, 2014, 52（5）: 1401-1418.

[96] 刘次华. 随机过程及其应用[M]. 北京：高等教育出版社，2004.

[97] CHEN H, ZHOU Y Q, HE S C, et al. Invasive Weed Optimization Algorithm for Solving Permutation Flow-Shop Scheduling Problem[J]. Journal of Computational and Theoretical Nanoscience, 2013, 10（3）: 708-713.

[98] JUAN A A, LOURENCO H R, MATEO M, et al. Using iterated local search for solving the flow-shop problem: Parallelization, parametrization, and randomization issues[J]. International Transactions in Operational Research, 2014, 21（1）: 103-126.

[99] RAHMAN H F, SARKER R A, ESSAM D L, et al. A Memetic Algorithm for Permutation Flow Shop Problems[M], 2013.

[100] 王凌.车间调度及其遗传算法[M]. 北京：清华大学出版社, 2003.

[101] ZHAO F Q, ZUO Y. A reactive prediction method for dynamic job scheduling problem[J]. Journal of Computational Information Systems, 2012, 8（20）: 8487-8494.

[102] LIEFOOGHE, ARNAUD. On optimizing a bi-objective flow shop scheduling problem in an uncertain environment[J]. Computers and Mathematics with Applications, 2012, 64（12）: 3747-3762.

[103] JABAL-AMELI M S, MOSHREF-JAVADI M. Concurrent cell formation and layout design using scatter search[J]. International Journal of Advanced Manufacturing Technology, 2014, 71（1-4）: 1-22.

[104] JARADAT G, AYOB M, AHMAD Z. On the performance of Scatter Search for post-enrolment course timetabling problems[J]. Journal of Combinatorial Optimization, 2014, 27（3）: 417-439.

[105] LAGUNA M, GORTAZAR F, GALLEGO M, et al. A black-box scatter search for optimization problems with integer variables[J]. Journal of Global Optimization, 2014, 58（3）: 497-516.

[106] GELPER, SARAL. Robust forecasting with exponential and holt-winters smoothing[J]. Journal of Forecasting , 2010, 29（3）: 285-300.

[107] WANG J, ZHANG Q, ABDEL-RAHMAN H, et al. A rough set approach to feature selection based on scatter search metaheuristic[J]. Journal of Systems Science & Complexity, 2014, 27（1）: 157-168.

附录 A 发表的学术论文目录

[1] **ZHAO F**, LE IW, MA W, LIU Y, **ZHANG C**. An improved SPEA2 Algorithm with adaptive selection of evolutionary operators scheme （AOSPEA） for multi-objective optimization problems[J]. Mathematical Problems in Engineering, 2016(8): 1-20. **(SCI: 000389935400001,EI: 20165103153913)**

[2] **ZHAO F**, SHAO Z, WANG J, **ZHANG C**. A hybrid differential evolution and estimation of distribution algorithm based on neighbourhood search for job shop scheduling problems[J]. International Journal of Production Research, 2016, 54 （4）:1039-1060. **(SCI/EI: 20152100876305)**

[3] **ZHAO F**, LIU Y, **ZHANG C**, WANG J. A self-adaptive harmony PSO search algorithm and its performance analysis[J]. Expert Systems with Applications, 2015, 42 （21）: 7436-7455. **(SCI:000360772500015,EI:20152600973688)**

[4] **ZHAO F**, ZHANGJ L,WANGJ B,**ZHANG C**. An Improved Shuffled Complex Evolution Algorithm with Sequence Mapping Mechanism for Job Shop Scheduling Problems[J]. Expert Systems With Applications, 2015,15 （27）: 3953-3966. **(SCI:000356904100013,EI:20150600499725)**

[5] **ZHAO F**, ZHANG J, WANG J, **ZHANG C**. A shuffled complex evolution algorithm with opposition-based learning for a permutation flow shop scheduling problem[J]. International Journal of Computer Integrated Manufacturing, 2015, 28 （11）: 1220-1235. **(SCI/ EI:20144200102989)**

[6] **ZHAO F**, JIANG X, **ZHANG C**, WANG J. A chemotaxis-enhanced bacterial foraging algorithm and its application in job shop scheduling problem[J]. International Journal of Computer Integrated Manufacturing, 2015, 28 （10）: 1106-1121.**(SCI/EI:20144200097445)**

[7] **ZHAO F**, SHAO Z, WANG R, **ZHANG C**, WANG J. A hybrid EDA with Chaotic DE algorithm and its performance analysis[J]. Journal of Computational Information Systems, 2015, 11(4): 1505-1512. (**EI:20151600746593**)

[8] **ZHAO F**, CHEN Z, **ZHANG C**, WANG J. A modified MOEA/D with adaptive mutation mechanism for multi-objective job shop scheduling problem[J]. Journal of Computational Information Systems, 2015, 11(8): 2833-2840.(**EI:20152400928060**)

[9] **ZHAO F**,LIU Z,**ZHANG C**, WANG J.A double-population algorithm based on NSGA-II[J]. Journal of Computational Information Systems, 2015, 11(13): 4837-4844. (**EI:20153601246015**)

[10] **ZHAO F**, LI N. Flow time and tardiness based on new scheduling rules for dynamic shop scheduling with machine breakdown[J]. 2014 International Conference on Mechatronics Engineering and Computing Technology, ICMECT. Shanghai: Trans Tech Publications, 2014, 4(9),2014, 4(10): 4412-4416. (**EI:20142417826140**)

反侵权盗版声明

电子工业出版社依法对本作品享有专有出版权。任何未经权利人书面许可，复制、销售或通过信息网络传播本作品的行为；歪曲、篡改、剽窃本作品的行为，均违反《中华人民共和国著作权法》，其行为人应承担相应的民事责任和行政责任，构成犯罪的，将被依法追究刑事责任。

为了维护市场秩序，保护权利人的合法权益，我社将依法查处和打击侵权盗版的单位和个人。欢迎社会各界人士积极举报侵权盗版行为，本社将奖励举报有功人员，并保证举报人的信息不被泄露。

举报电话：（010）88254396；（010）88258888

传　　真：（010）88254397

E-mail：　dbqq@phei.com.cn

通信地址：北京市万寿路 173 信箱

　　　　　电子工业出版社总编办公室

邮　　编：100036